石油企业岗位练兵手册

# 仪表维修工

大庆油田有限责任公司　编

石油工业出版社

**图书在版编目（CIP）数据**

仪表维修工/大庆油田有限责任公司编．—北京：石油工业出版社，2017.11

（石油企业岗位练兵手册）

ISBN 978-7-5183-2272-5

Ⅰ.①仪…　Ⅱ.①大…　Ⅲ.①石油化工-化工仪表-维修-技术手册　Ⅳ.①TE967.07-62

中国版本图书馆 CIP 数据核字（2017）第 282444 号

---

出版发行：石油工业出版社

（北京安定门外安华里 2 区 1 号　100011）

网　址：www.petropub.com

编辑部：（010）64251613

图书营销中心：（010）64523633

经　　销：全国新华书店

印　　刷：北京晨旭印刷厂

---

2017 年 11 月第 1 版　2017 年 11 月第 1 次印刷

787×1092 毫米　开本：1/32　印张：8.125

字数：335 千字

---

定价：23.00 元

（如出现印装质量问题，我社图书营销中心负责调换）

# 《石油企业岗位练兵手册》编委会



# 《仪表维修工》编审组


主　　编：于铁成

副 主 编：郭　红　李松光　黄志清　赵显忠　张　娜

编审组成员：祖丙诃　刘思强　马喜林　石祥华　赵秀英

何志海　彭伟庆　向红一　包　超　孙　娜

陈　钊

# 前　言

岗位练兵是大庆油田的优良传统，是强化基本功训练、提升员工素质的重要手段。新时期、新形势下，按照全面加强三基工作的有关要求，为进一步强化和规范经常性岗位练兵活动，切实提高基层员工队伍的基本素质，按照“实际、实用、实效”的原则，大庆油田有限责任公司人事部组织编写了《石油企业岗位练兵手册》丛书。围绕提升政治素养和业务技能的要求，本套丛书架构分为基本素养、基础知识、基本技能三部分。基本素养包括企业文化（大庆精神、铁人精神、优良传统）和职业道德等内容，基础知识包括与工种岗位密切相关的专业知识和HSE知识等内容，基本技能包括操作技能和常见故障判断处理等内容。本套丛书的编写，严格依据最新行业规范和技术标准，同时充分结合目前专业知识更新、生产设备调整、操作工艺优化等实际情况，具有突出的实用性和规范性的特点，既能作为基层开展岗位练兵、提高业务技能的实用教材，也可以作为员工岗位自学、单位开展技能竞赛的参考资料。

希望本套丛书的出版能够为各石油企业有所借鉴，为持续、深入地抓好基层全员培训工作，不断提升员工队伍整体素质，为实现石油企业科学发展提供人力资源保障。同时，也希望广大读者对本套丛书的修改完善提出宝贵意见，以便今后修订时能更好地规范和丰富其内容，为基层扎实有效地开展岗位练兵活动提供有力支撑。

编　者

2017 年 8 月

# 目　录

## 第一部分　基本素养

## 第二部分　基础知识

## 第三部分　基本技能

# 第一部分　基本素养

## 一、企业文化

### （一）名词解释

**1. 大庆精神**：为国争光、为民族争气的爱国主义精神；独立自主、自力更生的艰苦创业精神；讲究科学、“三老四严”的求实精神；胸怀全局、为国分忧的奉献精神。

**2. 铁人精神**：“为国分忧，为民族争气”的爱国主义精神；“宁肯少活二十年，拼命也要拿下大油田”的忘我拼搏精神；“有条件要上，没有条件创造条件也要上”的艰苦奋斗精神；“干工作要经得起子孙万代检查”“为革命练一身硬功夫、真本事”的科学求实精神；“甘愿为党和人民当一辈子老黄牛”、埋头苦干的无私奉献精神。

**3. “两论”起家**：“两论”即毛泽东同志所著的《实践论》和《矛盾论》。1960 年 4 月 10 日，石油工业部机关党委作出《关于学习毛泽东同志所著〈实践论〉和〈矛盾论〉的决定》，号召全体干部职工用这两个文件的立场、观点、方法来组织大会战的全部工作。

**4. “两分法”前进**：即在任何时候，对任何事情，都要用“两分法”。成绩越大，形势越好，越要一分为二，只看成绩，只看好的一面，思想上骄傲自满，成绩就会变成包袱，大好形势也会向反面转化。对待干劲也要用“两分法”。干劲一来，引导不好，就会只图速度，不顾质量，结果好心肠出不来好效果，反而会挫伤职工的积极性。领导要及时提出新的、鲜明的、经过努力能够达到的高标准，引导职工始终向前看。以“两分法”为武器，坚持抓好工作总结。走上步看下步，走一步总结一步，步步有提高，方向始终明确。

**5. 三老四严：** 即对待革命事业，要当老实人，说老实话，办老实事；对待工作，要有严格的要求，严密的组织，严肃的态度，严明的纪律。

**6. 四个一样：** 即对待革命工作要做到：黑天和白天一个样；坏天气和好天气一个样；领导不在场和领导在场一个样；没有人检查和有人检查一个样。

**7. 岗位责任制：** 即把全部生产任务和管理工作，具体落实到每个岗位和每个人身上，做到事事有人管、人人有专责、办事有标准、工作有检查，保证广大职工的积极性和创造性得到充分发挥。

**8. 一切经过试验：** 即在不同类型的客观事物中选择不同的典型进行试验，从而总结概括出该类事物中带有一般规律性的东西，借以指导面上工作的一种方法。

**9. 三条要求：** 即项项工程质量全优，事事做到规格化，人人做出事情过得硬。

**10. 五个原则：** 即有利于质量全优，有利于提高效率，有利于安全生产，有利于增产节约，有利于文明生产和施工。

**11. 三个面向：** 即面向生产、面向基层、面向群众。

**12. 五到现场**：即生产指挥到现场、政治工作到现场、材料供应到现场、科研设计到现场、生活服务到现场。

**13. 约法三章**：即坚持发扬党的艰苦奋斗的优良传统，保持艰苦朴素的生活作风，永不搞特殊化；坚决克服官僚主义，不能做官当老爷；坚持“三老四严”的作风，谦虚谨慎，兢兢业业，永不骄傲，永不说假话。

**14. 有第一就争，见红旗就扛**：这是石油工业部和大庆会战工委命名的标杆单位——1202钻井队的优良传统。

**15. 宁要一个过得硬，不要九十九个过得去**：会战时期油建十一中队提出的职工行为准则，是大庆人严细认真的具体体现。

**16. 严、细、准、狠、快**：指调度系统工作作风：“严”就是组织严密；“细”就是安排细致；“准”就是办事准确；“狠”就是抓工作要狠；“快”就是工作决策快、行动快。

**17. 干工作经得起子孙万代检查**：这是铁人王进喜同志的一句名言，成为大庆人的一种工作态度，是大庆人社会责任感和求实精神的具体表现。

**18. 艰苦奋斗的六个传家宝**：人拉肩扛精神，干打垒精神，五把铁锹闹革命精神，缝补厂精神，回收队精神，修旧利废精神。

**19. 三超精神**：超越权威，超越前人，超越自我。

**20. “三基”工作**：以党支部建设为核心的基层建设，以岗位责任制为中心的基础工作，以岗位练兵为主要内容的基本功训练。

**21. 新时期“三基”工作**：基层建设、基础工作、基本素质。基层建设是以党建、班子建设为主要内容的基层组织和队伍建设，是企业发展的重要保障；基础工作是以质量、计量、标准化、制度、流程等为主要内容的基础性管理，是企业管理的重要着力点；基本素质是以政治素养和业务技能为主要内容的员工素质与能力，是企业综合实力的重要体现。

**22. 四懂三会：** 懂设备性能、懂结构原理、懂操作要领、懂维护保养；会操作，会保养，会排除故障。

**23. 20 世纪 60 年代"五面红旗"：** 王进喜、马德仁、段兴枝、薛国邦、朱洪昌。

**24. 新时期铁人：** 王启民。

**25. 新时期"五面红旗"：** 姜传金、赵传利、权贵春、何登龙、王宝江。

**26. 新时期"五大标兵"：** 李新民、冯东波、张书瑞、谢宇新、徐洪霞。

**27. 新时期好工人：** 朴凤元。

**28. 大庆新铁人：** 李新民。

## （二）问答

**1. 中国石油天然气集团公司的企业宗旨是什么？**

奉献能源，创造和谐。

**2. 中国石油天然气集团公司的企业精神是什么？**

爱国、创业、求实、奉献。

**3. 中国石油天然气集团公司的企业理念是什么？**

诚信、创新、业绩、和谐、安全。

**4. 中国石油天然气集团公司的核心价值观是什么？**

我为祖国献石油。

**5. 中国石油天然气集团公司的企业发展目标是什么？**

全面建成世界水平的综合性国际能源公司。

**6. 中国石油天然气集团公司的企业战略是什么？**

资源、市场、国际化、创新。

**7. 大庆油田名称的由来？**

1959 年 9 月 26 日，新中国成立十周年大庆前夕，位于黑龙江省肇州县大同镇附近的松基三井喷出了具有工业价值的油流，为了纪念这个大喜大庆的日子，当时黑龙江省委第一书记欧阳钦同志建议将该油田定名为大庆油田。

**8. 中央是何时批准大庆石油会战的？**

1960 年 2 月 13 日，石油工业部以党组的名义向中央、国务院提出了《关于东北松辽地区石油勘探情况和今后部署问题的报告》，1960 年 2 月 20 日中央正式批准大庆石油会战。

**9. 大庆投产的第一口油井和试注成功的第一口水井各是什么？**

1960 年 5 月 16 日，大庆第一口油井中 7-11 井投产。1960 年 10 月 18 日，大庆油田第一口注水井 7 排 11 井试注成功。

**10. 会战时期讲的“三股气”是指什么？**

对一个国家来讲，就要有民气；对一个队伍来讲，就要有士气；对一个人来讲，就要有志气。三股气结合起来，就会形成强大的力量。

**11. 什么是“三一”“四到”“五报”交接法？**

对重要的生产部位要一点一点地交接、对主要的生产数据要一个一个地交接、对主要的生产工具要一件一件地交接；交接班时应该看到的要看到、应该听到的要听到、应该摸到的要摸到、应该闻到的要闻到；交接班时报检查部位、报部件名称、报生产状况、报存在的问题、报采取的措施，开好交接班会议，会议记录必须规范完整。

**12. 三基的由来？**

1962 年 5 月 8 日凌晨 1 时 15 分，大庆油田中 1 注水站突然起火，不到 3 小时全部厂房化为灰烬。主管一线生产工作的宋振明认为，这场大火暴露出的问题，主要是岗位责任制不明确。会战总指挥康世恩充分肯定了这一看法，并提出组织 12 个工作组到不同工种的单位蹲点，总结经验，建立岗位责任制。宋振明带队到北 2 注水站蹲点，他总结群众经验，制定出“岗位专责制”等 4 项制度，加上其他单位总结的制度，形成了完整的基层岗位责任制。随着时间的推移、实践的发展和认识的深化，逐步形成了具有大庆特色的以岗位责任制为基础的管理体系，并发展演变成后来的三基工作：即加强以党支部建设为核心的基层建设、加强以岗位责任制为中心的基础工作、加强以岗位练兵为主要内容的基本功训练。

**13. 大庆油田新时期加强三基工作的指导思想是什么？**

坚持以科学发展观为指导，大力弘扬大庆精神铁人精神，围绕贯彻集团公司安排部署，推进实施《大庆油田可持续发展纲要》，认真落实继承与创新相结合，全面普及与持续提升相结合，机关指导与基层创建相结合的原则，不断加强基层建设，夯实基础工作，提升基本素质，全面提高三基工作水平，为油田科学发展奠定坚实基础。

**14. 大庆油田新时期三基工作的主要目标是什么？**

基层组织坚强有力、基础管理科学规范、基本素质整体优良、基层业绩显著提升。通过不懈努力，逐步建设一个层层负责、权责明确、落实到位的三基工作责任体系，打造一批弘扬传统、开拓创新、引领发展的三基工作示范基地，构建一个全面覆盖、分级考核、动态管理的三基工作达标机

制，形成一个科学规范、运行顺畅、执行有力的三基工作管理格局，促进三基工作整体水平持续提高，确保三基工作始终走在集团公司前列。

**15. 大庆油田原油年产 5000 万吨以上持续稳产的时间？**

1976 年至 2002 年，大庆油田实现原油年产 5000 万吨以上连续 27 年高产稳产，创造了世界同类油田开发史上的奇迹。

**16. 大庆油田的企业宗旨是什么？**

奉献能源，创造和谐。

**17. 大庆油田的企业精神是什么？**

爱国、创业、求实、奉献。

**18. 大庆油田的企业使命是什么？**

大庆油田为祖国加油。

**19. 大庆油田的核心经营理念是什么？**

诚信、创新、业绩、和谐、安全。

**20. 大庆油田的市场理念是什么？**

用大庆精神保证质量，以“三老四严”取信用户。

**21. 大庆油田的科技理念是什么？**

资源有限，科技无限。

**22. 大庆油田的人才理念是什么？**

发展的企业为人才的发展提供广阔的平台，发展的人才为企业的发展创造无限的空间。

**23. 大庆油田的安全环保理念是什么？**

环保优先、安全第一、质量至上、以人为本。

**24. 大庆油田的员工基本行为规范是什么？**

坚持“三老四严”，做到“五条要求”。

**25. 天然气分公司的社会理念是什么？**

天然气让我们生活得更美好。

**26. 天然气分公司的安全环保理念是什么？**

“安全是一切工作的生命线”“生命至高无上，责任重于泰山”。

**27. 天然气分公司的科技理念是什么？**

用智慧推动科技创新。

**28. 天然气分公司的人才理念是什么？**

人才是企业最宝贵的资源。

## 二、振兴发展

### （一）名词解释

**1. 大庆油田四个走在前列：** 在规模和提质增效中走在前列、在转型升级和技术创新中走在前列、在深化改革和增强活力中走在前列、在加强党的领导和弘扬石油精神中走在前列。

**2. 四个标杆：** 科学生产的标杆、科技创新的标杆、国企改革的标杆、弘扬石油精神的标杆。

**3. 六个发展：** 国内油气业务持续有效发展，海外油气业务加快协同发展，炼化与销售业务优质高效发展，天然气与管道业务积极健康发展，服务业务稳步有序发展，新兴接替业务转型升级发展。

**4. 科学生产：** 推动油田开发由精细向精准转变，高效挖掘剩余油潜力，努力控制产量递减。加大天然气勘探开发力度，实现天然气产量快速增长。加快“走出去”步伐，充分发挥大庆油田勘探开发技术优势，积极拓展海外油气业务。

**5. 科技创新：**坚持技术上应用一代、研发一代、储备一代，着力在创新上下功夫，用勘探开发理论技术创新驱动发展，走出一条以技术获取资源、以技术引领市场、以技术创造需求、以技术打造品牌的发展道路。

**6. 国企改革：**加快推进业务重组、结构调整、管控模式变革，突出市场导向，优化资源整合，提高系统效率，加快分离移交“三供一业”及企业办社会职能，积极培育发展新兴业务，加强管理创新，深化提质增效，提高增收创效水平，逐步把大庆油田建设成“主营业务突出、立足国内、发展海外”的现代企业。

**7. 立足国内：**坚持资源战略，加大精细勘探、风险勘探力度，突出松辽盆地中浅层和深层、内蒙古海拉尔盆地、塔里木盆地东部油气勘探，加强外围盆地及油（泥）页岩油等非常规能源勘探，努力实现新的战略发现和重大突破，不断提交规模优质储量，夯实油田可持续发展的资源基础。

**8. 转型升级：**优化业务结构，延伸价值链条，以转移人力资源、成熟技术和提高整体经济效益为目的，积极慎重介入新业务、新领域，不断增强发展的活力与后劲。依靠技术创新打造新的经济增长点，努力由资源型企业向技术创新型企业升级；积极发展现代物流贸易业务；探索“大庆精神+”商业模式。

## （二）问答

**1. 大庆油田振兴发展的总体目标是什么？具体分为哪三个阶段？**

当好标杆旗帜，建设百年油田。固本强基阶段：2017—2019 年（油田发现 60 周年）；转型升级阶段：2020—2030 年（油田开发 70 周年）；持续提升阶段：2031—2060 年

（油田开发100周年）。

**2. 大庆油田振兴发展的总体思路是什么？**

坚持以党的十八大和十八届三中、四中、五中、六中全会精神为指导，以“五大发展理念”为统领，以国家推进能源革命、东北老工业基地振兴、建设世界科技强国为契机，按照集团公司总体部署要求，把“当好标杆旗帜”作为根本遵循，大力推进本土油气业务持续有效发展，海外油气业务规模跨越发展，服务保障业务转型升级发展，新兴接替业务稳步有序发展，不断优化公司的业务结构、经济结构和价值结构，提升企业的竞争力、成长力和生命力，为中国石油建设世界一流综合性国际能源公司持续做出高水平贡献。

**3. 大庆油田辉煌历史有哪些？**

建成了我国最大的石油生产基地，孕育形成了大庆精神铁人精神，创造了领先世界的陆相油田开发水平，打造了过硬的铁人式职工队伍，促进了区域经济社会的繁荣发展。

**4. 大庆油田面临的矛盾挑战有哪些？**

后备资源接替不足、开发难度日益增大、基础设施改造滞后、总体效益逐步下滑、老企业矛盾多负担重。

**5. 大庆油田面临的优势潜力有哪些？**

资源潜力、技术实力、管理基础、海外开发、政治文化。

**6. 大庆油田振兴发展重点做好哪“四篇文章”？**

本土油气业务、海外油气业务、服务保障业务、新兴接替业务。

**7. 党中央对大庆油田的关怀和要求是什么？**

习近平总书记指出，大庆就是全国的标杆和旗帜，大庆精神激励着工业战线广大干部群众奋发有为。党中央、

国务院推进实施新一轮东北振兴战略，要求驻东北地区的中央企业要带头深化改革，积极履行社会责任，支持地方振兴发展。

**8. 大庆油田的地位和作用是什么？**

大庆油田在集团公司总体发展大局中，地位举足轻重、作用无可替代，大庆的原油产量既是集团公司原油产量的基石，也是集团公司发展油气主营业务的关键。大庆油田具备较好的资源、技术、人才和基础设施等条件，发展潜力大，实现大庆油田及其地区的可持续发展，对促进东北老工业基地振兴、维护地区经济社会和谐稳定大局，对破解大庆油田面临的矛盾和挑战，都将起到积极的示范作用，产生重要而深远的影响。

**9. 天然气分公司“五个新发展”是什么？**

“十三五”及未来一个时期要努力实现可持续发展、有接替发展、有效率发展、有效益发展、有保障发展。

**10. 天然气分公司“五个走在前列”是什么？**

产量任务、业务支撑、改革创新、经济效益、人才容量走在大庆油田前列。

**11. 天然气分公司“十三五”总体发展思路是什么？**

以党的十八大和十八届三中、四中、五中全会精神为指导，坚持稳健发展方针，深入贯彻落实《大庆油田“十三五”及可持续发展规划》，突出抓好稳产增效与内部改革，确立发展新目标，构建发展新优势，努力实现五个新发展、五个走在前列，建成科学、高效、健康、幸福的现代企业。

**12. 天然气分公司“十三五”时期面临的机遇主要有哪些？**

能源革命、国企改革、气量上产、业务发展。

## 三、职业道德

### （一）名词解释

**1. 道德**：衡量行为正当的观念标准，是调节个人与自我、他人、社会和自然界之间关系的行为规范的总和。不同的对错标准是特定生产能力、生产关系和生活形态下自然形成的。一个社会一般有社会公认的道德规范。只涉及个人、个人之间、家庭等的私人关系的道德，称私德；涉及社会公共部分的道德，称为社会公德。

**2. 职业道德**：就是同人们的职业活动紧密联系的符合职业特点所要求的道德准则、道德情操与道德品质的总和，它既是对本职人员在职业活动中的行为标准和要求，同时又是职业对社会所负的道德责任与义务。

**3. 爱岗敬业**：爱岗就是热爱自己的工作岗位，热爱本职工作，敬业就是要用一种恭敬严肃的态度对待自己的工作，敬业可分为两个层次，即功利的层次和道德的层次。爱岗敬业作为最基本的职业道德规范，是对人们工作态度的一种普遍要求。

**4. 诚实守信**：诚实，即忠诚老实，就是忠于事物的本来面貌，不隐瞒自己的真实思想，不掩饰自己的真实感情，不说谎，不作假，不为不可告人的目的而欺瞒别人。守信，就是讲信用，讲信誉，信守承诺，忠实于自己承担的义务，答应了别人的事一定要去做。忠诚地履行自己承担的义务是每一个现代公民应有的职业品质。对人以诚信，人不欺我；对事以诚信，事无不成。

**5. 办事公道**：以公正、真理、正直为中心思想办事。

对当事双方公平合理、不偏不倚，不论对谁都是按照一个标准办事。

**6. 劳动纪律**：是用人单位为形成和维持生产经营秩序，保证劳动合同得以履行，要求全体员工在集体劳动、工作、生活过程中，以及与劳动、工作紧密相关的其他过程中必须共同遵守的规则。

## （二）问答

**1. 社会主义精神文明建设的根本任务有哪些？**

适应社会主义现代化建设的需要，培育有理想、有道德、有文化、有纪律的社会主义公民，提高整个中华民族的思想道德素质和科学文化素质。在社会主义条件下，努力改善全体公民的素质，必将使社会劳动生产率不断提高，使人和人之间在公有制基础上的新型关系不断发展，使整个社会的面貌发生深刻变化。

**2. 社会主义道德建设的基本要求是什么？**

爱祖国、爱人民、爱劳动、爱科学、爱社会主义，简称五爱。

**3. 什么是社会主义核心价值观？**

富强、民主、文明、和谐，自由、平等、公正、法治，爱国、敬业、诚信、友善。

**4. 职业道德的含义具体包括哪几个方面？**

职业道德是一种职业规范，受社会普遍的认可。职业道德是长期以来自然形成的。职业道德没有确定形式，通常体现为观念、习惯、信念等。职业道德依靠文化、内心信念和习惯，通过员工的自律实现。职业道德大多没有实质的约束力和强制力。职业道德的主要内容是对员工义务的要求。职业道德标准多元化，代表了不同企业可能具有不同的价值观。职业道德承载着企业文化和凝聚力，影响深远。

**5. 为什么要遵守职业道德？**

职业道德是社会道德体系的重要组成部分，它一方面具有社会道德的一般作用，另一方面它又具有自身的特殊作用，具体表现在：调节职业交往中从业人员内部以及从业人员与服务对象间的关系。有助于维护和提高本行业的信誉。促进本行业的发展。有助于提高全社会的道德水平。

**6. 职业道德的基本要求是什么？**

忠于职守，乐于奉献；实事求是，不弄虚作假；依法行事，严守秘密；公正透明，服务社会。

**7. 爱岗敬业的基本要求是什么？**

要乐业。乐业就是从内心里热爱并热心于自己所从事的职业和岗位，把干好工作当作最快乐的事，做到其乐融融。要勤业。勤业是指忠于职守，认真负责，刻苦勤奋，不懈努力。要精业。精业是指对本职工作业务纯熟，精益求精，力求使自己的技能不断提高，使自己的工作成果尽善尽美，不断地有所进步、有所发明、有所创造。

**8. 诚实守信的基本要求是什么？**

诚信无欺、讲究质量、信守合同。

**9. 职业纪律的重要性是什么？**

职业纪律影响企业的形象；职业纪律关系到企业的成败；遵守职业纪律是企业选择员工的重要标准；遵守职业纪律关系到员工个人事业成功与发展。

**10. 合作的重要性是什么？**

合作是企业生产经营顺利实施的内在要求；是从业人员汲取智慧和力量的重要手段；是打造优秀团队的有效途径。

**11. 奉献的重要性是什么?**

奉献是企业发展的保障；是从业人员履行职业责任的必经之路；有助于创造良好的工作环境；是从业人员实现职业理想的途径。

**12. 奉献的基本要求是什么?**

尽职尽责。要明确岗位职责；要培养职责情感；要全力以赴工作。尊重集体。以企业利益为重；正确对待个人利益；要树立职业理想。为人民服务。树立为人民服务的意识；培育为人民服务的荣誉感；提高为人民服务的本领。

**13. 企业员工应具备的职业素养?**

诚实守信、爱岗敬业、团结互助、文明礼貌、办事公道、勤劳节俭、开拓创新。

**14. 培养“四有”职工队伍的主要内容是什么?**

有理想、有道德、有文化、有纪律。

**15. 如何做到团结互助?**

具备强烈的归属感；参与和分享；平等尊重；信任；协同合作；顾全大局。

**16. 职业道德行为养成的途径和方法是什么?**

在日常生活中培养。从小事做起，严格遵守行为规范；从自我做起，自觉养成良好习惯。在专业学习中训练。增强职业意识，遵守职业规范；重视技能训练，提高职业素养。在社会实践中体验。参加社会实践，培养职业道德；学做结合，知行统一。在自我修养中提高。体验生活，经常进行“内省”；学习榜样，努力做到“慎独”。在职业活动中强化。将职业道德知识内化为信念；将职业道德信念外化为行为。

**17. 中国石油天然气集团公司员工职业道德规范的具体内容是什么?**

遵守公司经营业务所在地的法律、法规。认真践行公司精神、宗旨及核心经营管理理念。遵守公司章程，诚实守信，忠诚于公司。继承弘扬大庆精神、铁人精神和中国石油优良传统作风。认真履行岗位职责。坚持公平公正。保护公司资产并用于合法目的。禁止参与可能导致与公司有利益冲突的活动。

# 第二部分　基础知识

## 一、专业知识

### （一）名词解释

**1. 测量**：通过实验获得并可合理赋予某量一个或多个量值的过程。

**2. 测量仪表**：单独地或连同辅助设备一起用以进行测量的仪表。它包括各种实验测量仪器、现场仪表和盘装显示仪表。

**3. 计量**：实现单位统一、量值准确可靠的活动。

**4. 测量原理**：用作测量基础的现象。

**5. 测量方法**：对测量过程中使用的操作所给出的逻辑性安排的一般性描述。

**6. 示值**：由测量仪器或测量系统给出的量值。

**7. 量值**：用数和参照对象一起表示的量的大小。

**8. 被测量**：拟测量的量。

**9. 比对**：在规定条件下，对相同准确度等级或指定不确定度范围的同种测量仪器复现的量值之间比较的过程。

**10. 校准：** 在规定条件下的一组操作，其第一步是确定由测量标准提供的量值与相应示值之间的关系，第二步是用此信息确定由示值获得测量结果的关系，这里测量标准提供的量值与相应示值都具有测量不确定度。

**11. 测量误差：** 测得的量值减去参考量值，简称误差。

**12. 测量结果：** 与其他有用的相关信息一起赋予被测量的一组量值。

**13. 最大允许测量误差：** 简称最大允许误差。对给定的测量、测量仪器或测量系统，由规范或规程所允许的，相对于已知参考量值的测量误差的极限值。

**14. 基值测量误差：** 在规定的测得值上测量仪器或测量系统的测量误差。

**15. 零值误差：** 测得值为零值时的基值测量误差。

**16. 固有误差：** 又称为基本误差。在参考条件下确定的测量仪器或测量系统的误差。

**17. 引用误差：** 测量仪器或测量系统的误差除以仪器的特定值。

**18. 示值误差：** 测量仪器示值与对应输入量的参考量值之差。

**19. 相对误差：** 相对误差是指测量所造成的绝对误差与被测量约定真值之比。

**20. 系统测量误差：** 简称系统误差。在重复测量中保持不变或按可预见方式变化的测量误差的分量。

**21. 随机测量误差：** 简称随机误差。在重复测量中按不可预见方式变化的测量误差的分量。

**22. 修正：** 对估计的系统误差的补偿。

**23. 精度：** 精度是测量值与真值的接近程度。

**24. 准确度**：被测量的测得值与其真值间的一致程度。

**25. 精密度**：在规定条件下，对同一或类似被测对象重复测量所得示值或测得值间的一致程度。

**26. 正确度**：无穷多次重复测量所得量值的平均值与一个参考量值间的一致程度。

**27. 稳定性**：测量仪器保持其计量特性随时间恒定的能力。

**28. 灵敏度**：指被测物质的含量或浓度改变一个单位时分析信号的变化量，表示一般其对被测量变化的反应能力。

**29. 重复性**：又称重复性误差，是指仪器在操作条件不变的情况下，多次分析结果之间的偏差。

**30. 线性范围**：是指校正曲线（标准曲线）所跨越的最大线性区间，用来表示对被测组分含量或浓度的适用性。

**31. 线性度**：又称线性度误差或非线性误差，一般是指仪表的输出曲线与相应直线之间的最大偏差，用该偏差与仪器量程的百分数表示。

**32. 阶跃响应时间**：测量仪器或测量系统的输入量值在两个规定常量值之间发生突然变化的瞬间，到与相应示值达到其最终稳定值的规定极限内时的瞬间，这两者间的持续时间。

**33. 准确度等级**：在规定工作条件下，符合规定的计量要求，使测量误差或仪器不确定度保持在规定极限内的测量仪器或测量系统的等别或级别。

**34. 变差（回差）**：在外界条件不变的情况下，当对仪表的被测变量进行多次正反行程的测量时，仪表指示值中的最大差值称为变差。即变差=Max｜上行程示值−下行程示值｜。

**35. 滞环**：仪表内部的某些组件具有储能效应，其作用使得仪表调校所得的实际上升曲线和实际下降曲线常出现不重合的情况，从而使仪表的特性曲线形成环状，该种现象即称为滞环。

**36. 死区：** 当被测量值双向变化时，相应示值不产生可检测到的变化的最大区间。

**37. 测量区间：** 又称为测量范围。在规定条件下，由具有一定的仪器不确定度的测量仪器或测量系统能够测量出的一组同类量的量值。

**38. 调校（检定）：** 是指任何一个测量结果或计算标准值，都能通过一条具有规定不确定度的比较链，与计量基准（国家基准或国际基准）联系起来，从而使准确性和一致性得到保证。具有法制性，属于计量管理范畴的执行法行为。

**39. 阻抗：** 在具有电阻、电感和电容的电路里，对电路中的电流所起的阻碍作用称为阻抗。

**40. 稳态响应：** 是指当足够长的时间之后，系统对于固定的输入，有了一个较为稳定的输出。在某一输入信号的作用后，时间趋于无穷大时系统的输出状态称为稳态。

**41. 阻尼：** 是指任何振动系统在振动中，由于外界作用或系统本身固有的原因引起的振动幅度逐渐下降的特性，以及此一特性的量化表征。在电学中，是响应时间的意思。

**42. 温度：** 温度表征物体的冷热程度。

**43. 温标：** 为度量温度高低而人为设定的单位制。

**44. 摄氏温标：** 在标准大气压下，冰的熔点为 0 度，水的沸点为 100 度，中间划分 100 等份，每等份为摄氏 1 度，符号为℃。

**45. 华氏温标：** 在标准大气压下，水、冰、氯化铵混合物的熔点为 0 度，水的沸点为 212 度，中间划分 212 等份，每等份为华氏 1 度，符号为℉。

**46. 开氏温标**：是一种绝对温标，也叫热力学温标。它规定分子运动停止（即没有热存在）时的温度为绝对零度或最低理论温度 0，开氏温标的刻度单位与摄氏温标相同。

**47. 插入长度**：从检测元件下端至安装连接接合面或锥螺纹下端的长度。

**48. 浸入深度**：从保护管、温包或感温泡的底部算起，检测元件处于被测介质中的深度。

**49. 极限温度**：温度计的最高适用温度和最低适用温度。其中最高适用温度又称上限温度，最低适用温度又称下限温度。

**50. 热电势**：两种不同的金属相互接触时，其接触端与非接触端的温度若不相等，则在两种金属之间产生的电位差称为热电势。

**51. 感应电动势**：在电磁感应现象中产生的电动势称为感应电动势。

**52. 温度计**：测量温度的仪表。

**53. 感温元件**：温度计内直接感受被测温度的器件或元件。

**54. 温度传感器**：接受温度信息，并按一定规律将它转换成具有规定精确度的可测变量的仪表。

**55. 温度变送器**：输出为标准信号的温度仪表。

**56. 双金属温度计**：将两种不同热膨胀系数的金属结合在一起制成温度检测元件，利用温度检测元件测量温度的仪表。

**57. 热电阻**：利用导体和半导体电阻值随温度变化的特性实现温度测量的检测元件。

**58. 热电偶**：一对不同的导电材料，其一端相互连接，感受被测温度，另一端与测量仪表相连，利用塞贝克效应实现温度测量的一种温度传感器。

**59. 铠装热电偶：**将热电偶丝和绝缘材料一齐紧压在金属保护管中制成的热电偶。

**60. 绝缘电阻：**加直流电压于电介质，经过一定时间极化过程结束后，流过电介质的泄漏电流对应的电阻称绝缘电阻。

**61. 压力：**即物理学中的压强。是指垂直均匀地作用于单位面积上的力。

**62. 标准大气压：**又称为物理大气压。它随时间和地点的不同变化很大，所以国际上规定将0℃时，物理纬度为45°海平面上的大气压定为标准大气压。

**63. 绝对压力：**是被测介质所受的实际压力，在数值上等于表压和大气压之和。

**64. 正压力：**绝对压力大于大气压力。

**65. 负压力：**绝对压力小于大气压力。

**66. 表压：**绝对压力与大气压力之差。

**67. 液柱式压力计：**它根据流体静力学原理，将被测压力转换成液柱高度进行测量。

**68. 弹性式压力计：**是利用各种形式的弹性元件，在被测介质压力的作用下，使弹性元件受压后产生弹性变形的原理而制成的测压仪表。

**69. 电气式压力计：**是一种能将压力转换成电信号进行传输及显示的仪表。

**70. 轻敲位移：**在输入不变的情况下，仪表所显示的被测量经轻敲仪表外壳以后的变化量。

**71. 弹簧管：**一端封闭的特种成型管，当管内和管外承受不同压力时，则在其弹性极限内产生变形。

**72. 电接点压力表：**是在普通弹簧管压力表的基础上增加了一套电接点装置构成的。

**73. 压力变送器**：将压力信号转换成标准信号并进行传输的仪表。

**74. 转换器**：接收一种形式的信号并按一定规律转换为另一种信号形式输出的装置。

**75. 传感器**：接收输入变量的信息，并按一定规律将其转换为同种或别种性质输出变量的装置。

**76. 零点漂移**：简称为零漂。当仪表输入信号为零时，输出信号偏离零点而上下漂动的现象。

**77. 流量**：流体流过一定截面的量称为流量。

**78. 流量计**：测量流量的装置。

**79. 最大流量**：满足计量性能要求的最大流量。

**80. 最小流量**：满足计量性能要求的最小流量。

**81. 流量范围**：由最大流量和最小流量所限定的范围，在该范围内满足计量性能的要求。

**82. 工作压力**：流经一次装置并符合一次装置规范的被测流体的绝对静压。

**83. 环境温度**：是表示环境冷热程度的物理量。

**84. 介质温度**：流经一次装置并符合一次装置规范的被测流体的温度。

**85. 旋涡流**：具有轴向和圆周速度分量的流动。

**86. 紊流**：与黏性力相比，惯性力起主要作用的流动。

**87. 层流**：与惯性力相比，黏性力起主要作用的流动。

**88. 稳定流**：速度、压力和温度基本不随时间变化，且不影响测量准确度的流动。

**89. 差压式流量计**：根据差压原理测量流量的流量计。

**90. 节流装置**：装入管道以产生差压的装置。

**91. 节流孔**：节流装置中横截面面积最小的开孔。

**92. 角接取压孔：** 就是在节流件前、后两端面与管壁的夹角处取压。

**93. 法兰取压孔：** 就是夹紧节流件的两片法兰上开孔取压。

**94. 环室：** 与节流装置和法兰组成一体的均压环。

**95. 孔板：** 遵照一定技术条件制造的具有通孔的板。

**96. 喷嘴：** 与管道同轴，具有无突变曲线廓形且与同轴圆筒形喉部相切的收缩件。

**97. 文丘里管：** 由收缩段、喉部（圆筒形部分）和扩散段（一般是一个截尾圆锥体）组成的装置。

**98. 电磁流量计：** 利用导电流体在磁场中流动所产生的感应电动势来推算并显示流量的流量计。

**99. 涡轮流量计：** 流体流动驱动一只具有若干叶片并与管道同轴的转子的流量计。

**100. 涡街流量计：** 利用卡门涡街原理测量流量的流量计。

**101. 旋进旋涡流量计：** 利用流体进动原理测量流量的流量计。进入仪表的流体被导向叶片强制围绕中心线旋转。流动通道的横截面受到收缩，以加速流动，然后被扩张而且轴线是变化的，于是形成旋涡进动。在某点处，该旋涡的频率正比于流量。

**102. 超声波流量计：** 利用超声波在流体中的传播特性来测量流量的流量计。

**103. 容积式流量计：** 由静止容室内壁与一个或若干个由流体流动使之旋转的元件组成计量室的流量计。

**104. 质量流量计：** 用于测量流体质量流量的流量计。

**105. 转子流量计：** 在流体动力和浮子重力的作用下，一个圆形横截面的浮子可以在一根垂直锥形管中自由上升和下降的流量计。

**106. 物位**：是指容器中物料的高度或位置。

**107. 液位**：液体介质液面的高低。

**108. 界面**：液体—液体或液体—固体的分界面。

**109. 料位**：固体粉末或颗粒状物质的堆积高度。

**110. 物位测量**：液位、界位及料位的测量。

**111. 浮力式液位计**：是应用浮力原理来检测液位的液位计。

**112. 恒浮力液位计**：测量漂浮在液体上的浮子高度的液位计。

**113. 变浮力液位计**：测量浸没在液体中的浮子所受浮力的液位计。

**114. 静压式液位计**：是根据液位变化时液柱产生的静压随之变化的原理而工作的液位计。

**115. 浮筒液位计**：是一种应用变浮力原理测量液位的液位计。

**116. 双法兰式差压变送器**：应用压力传感和差压原理来测量液位的变送器。

**117. 雷达液位计**：是通过天线向被测介质物位发射微波，然后测出微波发射和反射回来的时间而得容器内液位的液位计。

**118. 磁致伸缩液位计**：通过测量脉冲电流与扭转波的时间差，确定浮子所在位置的液位计。

**119. 超声波液位计**：是应用回声测距法的原理制成的液位计。

**120. 射频导纳液位计**：用高频无线电波测量导纳射频的液位计。

**121. 迁移量**：是指液位系统在最低液位时，由于现场安装情况不同，造成差压计指示不在零点，而是指示正或负的一个固定差压值，这个差压值称为迁移量；如果此值为正，即称为负迁移；如果此值为负，即称为正迁移；如果为零，即称为无迁移。

**122. 在线分析仪表：** 又称过程分析仪表，是指直接安装在工艺流程中，对物料的组成成分或物性参数进行自动连续分析的一类仪表。

**123. 检出限：** 又称检测限，新国标中称为最小可检测变化，是指能产生一个确证在样品中存在被测物质的分析信号所需要的该物质的最小含量或最小浓度，是表征和评价分析仪器检测能力的一个基本指标。

**124. 分辨率：** 又称分辨力或分辨能力，是指仪器能区分开最邻近所示量值的能力。

**125. 噪声：** 是由于未知的偶然因素所引起的分析信号的随机波动，它干扰有用分析信号的检测。

**126. 分析滞后时间：** 样品从工艺设备取出到得到分析结果的时间。

**127. 红外线气体分析仪表：** 是利用不同气体对红外辐射的吸收特性进行分析的仪器。

**128. 气相色谱分析仪：** 是基于气相色谱法原理，定量测定出所需的特定组分或全部组分浓度的分析仪器。

**129. 前置放大器：** 简称前置器，实际上是一个电子信号处理器：一方面，前置器为探头线圈提供高频电源以产生磁场；另一方面，前置器感受探头与被测金属导体间的间隙，产生随该间隙线性变化的输出电压或电流信号。

**130. 延伸电缆：** 是一根具有特定电长度的同轴电缆，用来连接探头和前置器。

**131. 键相位**：是一个传感器，在转轴上有一个键相凹槽，轴每转一圈，它产生一个脉冲电压信号。

**132. 探头特性曲线**：它是探头间隙和前置器输出电压之间的关系曲线。

**133. 电涡流传感器**：是应用电涡流原理，测量探头顶部与被观测表面之间的距离。它是由平绕在固体支架上的铂金丝线圈构成，用不锈钢壳体和耐腐蚀的材料将其封装，再引出同轴电缆猪尾线和前置器的延伸同轴电缆相连接。

**134. 振幅**：是指振动的物理量可能达到的最大值，通常用 $A$ 表示，是表示振动范围和强度的物理量。

**135. 径向振动**：是指转子在轴承中的径向平均位移（偏心位置）。

**136. 轴向位移**：测量的是推力环到推力轴承的相对位置。

**137. 频率**：通常表示为机器转速的倍数形式。

**138. 相角**：这是一个参数，它可说明一个振动信号与轴旋转的时间关系，同时也可用来比较两个（或更多）振动信号之间的时间关系。实际上它是测量键相器脉冲信号的前缘（或后缘）到跟在后面的第一个一倍频或二倍频振动信号的正峰顶二者之间的角度。

**139. 物位开关**：是用于检测物位是否达到预定高度，并发出相应的开关量信号。

**140. 压力开关**：是一种简单的压力控制装置，当被测压力达到额定值时，弹性元件的自由端产生位移，直接或经过比较后推动开关元件，改变开关元件的通断状态，达到控制被测压力的目的。

**141. 温度开关**：是一种简单的温度控制装置，当被测温度达到额定值时，温度开关可发出警报或控制信号。

**142. 千分表：**是通过齿轮或杠杆将一般的直线位移（直线运动）转换成指针的旋转运动，然后在刻度盘上进行读数的长度测量仪器。

**143. 游标卡尺：**是一种测量长度、内外径、深度的量具。

**144. 自动化仪表：**对被测变量和被控变量进行测量和控制的仪表装置和仪表系统的总称。

**145. 现场仪表：**安装在现场控制室外的仪表，一般在被测对象和被控对象附近。

**146. 检测仪表：**用以确定被测变量的量值或量的特性、状态的仪表。

**147. 控制仪表：**用以对被控变量进行控制的仪表。

**148. 回路：**在控制系统中，一个或多个相关仪表与功能的组合。

**149. 测量点（一次点）：**指检测系统或控制系统中，直接与工艺介质接触的点。

**150. 一次部件（取源部件）：**在被测对象上为安装连接检测元件所设置的专用管件、引出口和连接阀门等元件。

**151. 一次阀门（取压阀）：**指直接安装在一次部件上的阀门，如与取压短节相连的压力检测系统的阀门，与孔板正、负压室引出管相连的阀门等。

**152. 一次元件：**指直接安装在现场且与工艺介质相接触的元件，如热电偶、热电阻等。

**153. 一次仪表：**现场仪表的一种，指安装在现场且直接与工艺介质相接触的仪表，如弹簧管压力表、双金属温度计、差压变送器等。

**154. 二次仪表：**安装在控制室的仪表，是自动检测装置的部件（元件）之一。用以指示、记录或计算来自一次

仪表的测量结果。

**155. 一次调校（单体调校）：**指仪表安装前的调校。

**156. 二次调校（二次联校、系统调校）：**指仪表现场安装结束后以及控制室配管、配线完成且通过调校后，对这个检测回路或自动控制系统的检验，也是仪表交付正式使用前的一次全面调校。

**157. 被控对象：**自动控制系统中被控制的工艺管道、设备或机器都称为被控对象。

**158. 被控变量：**工艺要求自动控制系统通过自动操作控制，使之满足生产过程要求的某个过程变量。

**159. 设定值：**生产过程中生产工艺对被控变量的要求值。

**160. 测量值：**测量元件、变送器实际测得被控变量的值。

**161. 偏差：**测量值和设定值之间的差值。

**162. 扰动作用：**在生产过程中，破坏生产过程平衡状态，引起被控变量偏离设定值的各种作用。

**163. 控制通道：**由控制变量至被控变量的通道为控制通道。

**164. 干扰通道：**除控制变量外的其他影响被控变量的变量，对被控变量的影响为干扰通道。

**165. 对象滞后：**操纵常量变化后，被控变量滞后于其变化的现象。

**166. 传递滞后：**把物料或能量由一处传送到另一处，因需要一定的时间而产生的滞后。

**167. 单回路控制系统：**是指由一个测量组件及变送器、一个控制器、一个调节阀和一个对象所构成的闭环控制系统，也称为简单控制系统。

**168. 可编程序逻辑控制器：** 简称 PLC，它采用一类可编程的存储器，用于其内部存储程序，执行逻辑运算、顺序控制、定时、计数与算术操作等面向用户的指令，并通过数字或模拟式输入/输出控制各种类型的机械或生产过程。

**169. 集散控制系统：** 简称 DCS，它是一个由过程控制级和过程监控级组成的以通信网络为纽带的多级计算机系统，综合了计算机、通信、显示（CRT）和控制 4 项技术，其基本思想是分散控制、集中操作、分级管理、配置灵活、组态方便。

**170. 紧急停车系统：** 简称 ESD，它用于监视装置或独立单元的操作，如果生产过程超出安全操作范围，可以使其进入安全状态，确保装置或独立单元具有一定的安全度。

**171. 安全仪表系统：** 简称 SIS，用来实现一个或几个仪表安全功能的仪表系统。

**172. 控制系统：** 通过精密制指导或操纵若干变量以达到既定状态的系统。

**173. 控制：** 为达到规定的目标，在系统上或系统内的有目的的活动。

**174. 控制作用：** 自动控制系统使被控变量回到设定值而对被控对象施加的影响作用。

**175. 检测元件：** 测量链中的一次元件，它将输入变量转换成宜于测量的信号。

**176. 检测点：** 对被测变量进行检测的具体位置，即检测元件和取源部件的现场安装位置。

**177. 冗余：** 指重复配置系统的一些部件，当系统发生故障时，冗余配置的部件介入并承担故障部件的工作，由此

减少系统的故障时间。

**178. 机柜：**一般机柜安装在控制室后部，机柜用于安装控制站的所有硬件设备。

**179. 空气开关：**又称空气断路器，是一种只要电路中的电流超过额定电流就会自动断开的开关。

**180. 端线板：**在绝缘壳体或绝缘板上有许多接线端，是便于多根导线之间互连的组装件。

**181. 接线端子：**元件上为方便导线连接的零件，有两种类型：一种是供接线用，另一种是两根导线拼接用。

**182. 电源：**电源一般均采用冗余配置，它一般是效率高、稳定性好、无干扰的交流供电系统。

**183. 中央处理单元：**简称 CPU，是一块超大规模的集成电路，是一台计算机的运算核心和控制核心。

**184. 存储器：**是计算机系统中的记忆设备，用来存放程序和数据。

**185. 随机存储器：**为程序运行提供了存储实时数据与中间参数的空间，用户在线修改的一些参数被存入 RAM（随机存储器）中。

**186. 控制总线：**是应用在现场智能化测量控制设备之间，实现双向串行多节点数字通信的系统，也被称为开放式、数字化、多点通信的底层控制网络。

**187. 模拟量输入通道：**感受生产过程中各种连续的物理量（如温度、压力、流量、液位、速度、位移等）。输入的电信号一般有电流信号和电压信号两种。模拟量输入通道一般由端子板、信号调制器、A/D 模板及柜内连接电缆等构成。

**188. 模拟量输出通道：**一般输出连续的 4~20mA 直流

电流信号，通过电-气转换器来控制现场气动阀门的开度以及其他一些现场执行机构。模拟量输出通道一般由 A/D 模板、输出端子板及柜内连接电缆等构成。

**189. 开关量输入通道**：用于输入各种限位开关、继电器或电磁阀联动触点的开关状态信号，输入信号可以是有源或无源触点。开关量输入通道一般由端子板、DI 模板及柜内连接电缆等构成。

**190. 开关量输出通道**：用于控制电磁阀、继电器、指示灯、报警器等仅具有开、关两种状态的设备。开关量输出通道一般由端子板、DO 模板及柜内连接电缆等构成。

**191. 脉冲量输入通道**：用于接收现场如转速表、涡轮流量计及一些机械技术等装置的输出脉冲信号。脉冲量输入通道一般由端子板、DO 模板及柜内连接电缆等构成。

**192. I/O 单元**：是输入/输出部件的简称。

**193. A/D 转换器**：即模数转换器或简称 ADC，通常是指一个将模拟信号转变为数字信号的电子组件。

**194. 继电器**：是一种电控制器件，是当输入量（激励量）的变化达到规定要求时，在电气输出电路中使被控量发生预定的阶跃变化的一种电器。

**195. 触点**：开关中用于实现电路接通或分断的接触点。

**196. 辅助触点**：用于控制、报警或指示的开关触点。

**197. 常开触点**：在线圈断电时，触点处于断开的状态。

**198. 常闭触点**：在线圈断电时，触点处于闭合的状态。

**199. 安全栅**：是介于现场设备与控制室设备之间的限制能量的模块，用来把控制室供给现场仪表的电能量限制在既不能产生引爆危险气体的火花，又不能产生引爆危险气体的仪表表面温度，从而消除引爆源，保证安

全生产。

**200. 齐纳式安全栅：** 采用在电路回路中串联快速熔断丝、限流电阻和并联限压齐纳二极管的方法实现能量的限制，保证危险区仪表和安全区仪表信号连接时安全限能。

**201. 隔离式安全栅：** 将信号通过隔离耦合器不失真地在危险侧和安全侧之间传送，并在本质安全侧进行能量限制（限压、限流），以消除引爆源，防止易爆环境的工业现场爆炸事故发生。

**202. 电涌防护器：** 具有非线性特点的，用以限制瞬态过电压和引导电涌电流的一种防护装置。

**203. 模拟信号：** 模拟信号就是连续变化的量，其信号回路始终是闭合的

**204. 数字信号：** 数字信号就是将模拟信号用采样的方法离散化，经模数转换得到计算机能识别的“0”“1”信号。

**205. 通信接口：** 是指中央处理器和标准通信子系统之间的接口。

**206. 串行通信：** 把构成通信数据的各个二进制位依次在信道上进行传输的通信。

**207. 并行通信：** 把构成通信数据的各个二进制位同时在信道上进行传输的通信。

**208. 组态：** 是用应用软件中提供的工具、方法，完成工程中某一具体任务的过程。

**209. 扩展接口：** 用于连接中心单元与扩展单元、扩展单元与扩展单元的模板。

**210. 不间断电源：** 即 UPS，是将蓄电池（多为铅酸免维护蓄电池）与主机相连接，通过主机逆变器等模块电路

将直流电转换成工频交流电（AC）的系统设备。

**211. 显示仪表：** 显示被测量值的仪表。

**212. 数字型显示仪表：** 以数字形式直接显示测量结果的仪表。

**213. 无纸记录仪：** 是一种电子式仪表，采用大容量存储器存储数据，用大屏幕液晶显示器显示过程参数的各种变化趋势图。

**214. 基地式控制仪表：** 是将测量、变送、显示及控制等功能集于一体的现场控制仪表。

**215. 单元组合式仪表：** 把整套仪表按照其功能和使用要求，分成若干独立作用的单元，各单元之间用统一的标准信号联系。

**216. 执行器：** 在控制系统中通过其机构动作直接改变被控变量的装置。

**217. 执行机构：** 将控制信号转换成相应运动的机构。

**218. 调节阀：** 调节阀又名控制阀，在工业自动化过程控制领域中，通过接受调节控制单元输出的控制信号，借助动力操作去改变介质流量、压力、温度、液位等工艺参数的最终控制组件。

**219. 气开式（气关式）：** 对于气动执行机构驱动的调节阀，如果信号压力越大阀门开度也越大，则称该调节阀为气开式。反之，称调节阀为气关式。

**220. 正作用（反作用）执行机构：** 当信号压力增加时，推杆向下动作的叫正作用执行机构。反之，当信号压力增加时，推杆向上动作的叫反作用执行机构。

**221. 自力式调节阀：** 又称自力式控制阀。依靠流经阀内介质自身的压力、温度作为能源驱动阀门自动工作，不需

要外接电源和二次仪表。

**222. 气动调节阀：** 以压缩空气为动力源的调节阀。

**223. 电动调节阀：** 以电为动力源的调节阀。

**224. 液动调节阀：** 以液压动力作为执行机构的调节阀。

**225. 调节阀的流量特性：** 是指流体流过阀门的相对流量与相对位移（阀门的相对开度）间的关系。

**226. 相对流量：** 调节阀在某一开度时的流量 $Q$ 与全开流量 $Q_{max}$ 之比。

**227. 相对位移：** 调节阀在某一开度时的阀芯位移 $l$ 与全开位移 $L$ 之比。

**228. 气动阀门定位器：** 接受气动调节器（或电气转换器）的气压输出信号，然后产生与该输出信号成正比的气压信号，用以控制气动调节阀。

**229. 电–气阀门定位器：** 输入信号为调节器来的 4～20mA 直流电信号，输出为驱动气动阀的气压信号。

**230. 电磁阀：** 由两个基本功能单元组成，即电磁线圈（电磁铁）和磁芯以及包含一个或几个孔的阀体。当电磁线圈通电或断电时，磁芯的运动将导致流体通过阀体或被切断。

**231. 滑阀：** 是利用阀芯（柱塞、阀瓣）在密封面上滑动，改变流体进出口通道位置以控制流体流向的分流阀。

**232. 安全仪表：** 是指为保障安全生产，防止火灾爆炸及人身中毒、窒息伤亡事故所使用的仪表。

**233. 火灾自动报警系统：** 探测火灾早期特征、发出火灾报警信号，为人员疏散、防止火灾蔓延和启动自动灭火设备提供控制与指示的消防系统。

**234. 火灾测量仪表：**用于火灾监控的测量仪表。

**235. 联动控制信号：**由消防联动控制器发出的用于控制消防设备（设施）工作的信号。

**236. 联动反馈信号：**受控消防设备（设施）将其工作状态信息发送给消防联动控制器的信号。

**237. 联动触发信号：**是由消防联动控制器接收用于逻辑判断的信号。

**238. 可燃气体探测器：**是安装于危险场所且仪器本身具有防爆性能的特殊电气设备。它能将现场的实时浓度转换成标准信号传输到控制室或值班室，由报警控制器在室内进行数据处理或报警。

**239. 防爆电气设备：**在规定条件下不会引起周围爆炸性环境点燃的电气设备。

**240. 危险区域：**爆炸性环境大量出现或预期可能大量出现，以致要求对电气设备的结构、安装和使用采取专门措施的区域。

**241. 本质安全电路：**在规定的条件下，包括正常工作和规定的故障条件下，产生的任何电火花和任何热效应均不能点燃规定的爆炸性气体环境的电路。

**242. 仪表管道：**仪表测量管道、气动和液动信号管道、气源管道和液压管道的总称。

**243. 测量管道：**从检测点向仪表传送被测物料或通过中间介质传递测量信号的管道。

**244. 信号管道：**用于传送气动或液动控制信号的管道。

**245. 气源管道：**为气动仪表提供气源的管道。

**246. 仪表线路：**仪表电线、电缆、补偿导线、光缆和电缆桥架、电缆导管等附件的总称。

**247. 电缆桥架：**由托盘、托槽或梯架的直线段、非直线段、附件及支吊架等组合构成，用以敷设和支撑电缆的结构系统。

**248. 电缆导管：**用以在其内部敷设和保护电缆电线，便于导入或拉出电缆电线的管子。

**249. 主电缆：**是指 DCS 机柜（中间端子柜、安全栅柜、主仪表盘）与现场接线箱或现场仪表盘之间敷设的电缆，或者是不通过现场接线箱而与现场仪表设备之间直接连接的电缆。

**250. 分支电缆：**是指由现场接线箱至现场仪表或现场仪表盘之间敷设的电缆。

**251. 其他连接电缆：**是指室内中间端子柜、安全栅柜、供电柜、继电器柜以及其他接线柜与 DCS、ESD、PLC 等机柜之间敷设的电缆、电线或者是与仪表盘后框架之间敷设的电缆、电线。

**252. 控制电缆：**是用于仪表连接线和自动控制系统传输的电缆。

**253. 电气连接件：**是指由电缆桥架至现场仪表设备之间和接线箱至现场仪表设备之间，除穿线管之外的各种常用连接件，包括穿线盒、电缆关卡、扎带、挠性管、接线箱、锁紧螺母、接头、电气活接头等。

**254. 穿线盒：**是电缆、电线穿管敷设时，在保护管的连接处、分支处和拐弯处必须采用的连接件，防爆穿线盒壳体有铸钢、铸铁、铝合金三种材质。

**255. 挠性连接管：**由挠性管和连接接头组成，挠性管又称蛇皮管，用条形镀锌皮卷制成螺旋形而成。

**256. 防爆电缆密封接头：**为防爆电缆引入装置，起固定连接或夹持各类型铠装电缆的作用，用在电缆端口与防爆电器、仪表设备的连接上，具有防护性能高、防爆性能优越、安装方便等优点。

**257. 短节：**实质上是取压部件。它适用于各种测量回路，特别是压力、流量、液面。

**258. 活接头：**是自控系统的辅助接头之一，适合于各种测量信号和气源管路上。

**259. 堵头：**又称为丝堵。一般使用于已经开孔且安装了接头，但暂时又用不着的场合，或吹扫、试压、加液、排气、排污、排液等场合，或安装正式仪表条件不具备，用丝堵暂时堵上。

**260. 二阀组：**由取压阀和排污阀组成，其作用是与压力变送器配套使用，将压力变送器与引压点导通或切断，或将压力变送器进行排污、调校。

**261. 三阀组：**是从引压点将信号引入变送器的正、负压测量容室，实现引压点与测量室之间接通或断开，以及正、负压测量容室之间接通或断开，也可作为差压平衡检测零点用和卸变送器时截止阀用。

**262. 五阀组：**是由高/低压阀、平衡阀及两个调校（排污）阀组组成，能与各种差压变送器配套使用。它有与三阀组同样的作用，即将差压变送器正、负压室与引压点切断或导通，或将正、负压室切断或导通。它的特点是可随时进行在线仪表的检查、调校、标定或排污、冲洗，减少安装施工的麻烦。

**263. 保温箱：**是集变送器、仪表阀门及管路、电器配件于一体的现场成套仪表装置。它是仪表现场安装的重要保护、保温、防尘、防水设备，具有标准化程度高、造型美观、结

构合理、形式多样、结实耐用、安装操作方便等特点。

### （二）问答

**1. 自动化仪表按功能分为几类？分别是什么？**

自动化仪表按其功能不同，大致可分为四大类，即检测仪表、显示仪表、控制仪表和执行器。

**2. 产生测量误差的原因有哪些？测量误差按误差出现的规律分哪几类？**

产生测量误差的原因：

（1）测量方法的误差。

（2）测量工具、仪器引起的误差。

（3）外界条件影响引起的误差。

（4）测量人员水平与观察能力引起的误差。

（5）被测对象本身变化引起的误差。

按误差出现的规律分为系统误差、随机误差、粗大误差。

**3. 使用万用表测量电流为什么要串联？测量电压时为什么是并联？**

万用表测电流时用电流挡，此时万用表相当于电流表，内阻很小；若与被测电路并联，相当于电路被万用表短接。万用表测电压时用电压挡，万用表相当于电压表，内阻很大；此时若与被测电路串联，近似相当于被测电路被万用表断开，即被测电路被断路。

**4. 为什么有时用手触及工控机箱会有触电的感觉？**

工控机的机箱与商用机相比，最大的特点就是抗电磁干扰能力强，工控机箱对电磁信号有很强的屏蔽作用，如果机箱接地良好，人摸机箱是不会有触电感觉的。但如果机箱没有接地，静电会越积越多，其电压可高达100V左右，如果接地不良，感应电压也会达到20~40V。所以用手摸工控机箱会有触电的感觉。

**5. 仪表停用时应做好哪些工作?**

(1) 和工艺人员密切配合。

(2) 了解工艺停车时间和设备检修计划。

(3) 根据检修计划，及时拆卸相关仪表。

(4) 拆除压力表、变送器时注意有无堵塞、憋压现象，防止造成人身和设备事故。

(5) 对带有联锁的仪表拆卸前要切换至手动位置。

**6. 在控制电路中继电器触点必须满足哪些要求?**

(1) 保证电气连接的可靠。

(2) 接触时不发生跳动。

(3) 接触电阻小。

(4) 触点有足够的机械强度，能经受一定的通路和断路次数。

(5) 不受外界的影响。

**7. 常用温标有哪几种? 它们之间的关系是什么?**

常用温标有摄氏温标(℃)、华氏温标(℉)、开氏温标(K)三种。

华氏温标和摄氏温标之间的关系式为：$\frac{t}{℃} = 5/9\left(\frac{t_F}{℉}-32\right)$；$\frac{t_F}{℉}=9/5\frac{t}{℃}+32$。

开氏温标和摄氏温标之间的关系为：$\frac{t}{℃}=K-273.15$。

**8. 温度仪表按测温方式分哪几类?**

按测温方式分为接触式测温和非接触式测温两类。

(1) 接触式测温：可以直接测被测物体的温度，简单、

可靠，测量准确度高。测温元件与被测介质需要进行充分的热交换，会产生测温的滞后现象。不能用于很高的温度测量。

（2）非接触式测温：只能测得被测物体的表面温度（光亮温度、辐射温度等），一般情况下，通过对被测物体表面发射率修正后才能得到真实温度。受到被测物体与仪表之间的距离及辐射通道上的烟雾、水气、尘埃等其他介质的影响，测量准确度较低。

**9. 温度仪表按测温原理分哪几类？**

（1）热膨胀式温度计：是利用液体、气体或固体热胀冷缩性质测量温度的温度计。

（2）压力式温度计：是利用封闭的气体、液体或某种液体的饱和蒸气受热时，其压力（或体积）会随着温度变化而变化的性质测量温度的温度计。

（3）电阻式温度计：是利用导体或半导体的电阻值随温度变化的性质来测量温度的温度计。

（4）热电式温度计：是利用热电偶能将温度转换成毫伏级热电信号输出来进行温度测量的温度计。

（5）全辐射式高温计：是接受被测物体全辐射能量来测量温度的温度计。

**10. 常用热电偶由哪几部分组成？**

热电偶通常由热电极、绝缘套管、保护套管、接线盒等主要部分组成。

**11. 如何简单判断热电偶温度检测回路是否正常工作？**

将现场接线盒处补偿导线短接，控制室显示此点为现场冷端环境温度，说明冷端至控制系统回路正常，现场热电偶故障。如果控制室显示温度不为现场冷端环境温度，说明冷端至控制系统回路出现故障。

**12. 补偿导线与热电偶极性接反会出现什么现象?**

补偿导线与热电偶极性接反，在接触处就会产生新的接触电势，新的接触电势会随着环境温度等因素变化，它会抵消热端的接触电势，使指示偏低。

**13. 热电偶与热电阻有什么异同之处?**

相同之处：都属于温度测量仪表的组件。

不同之处：

(1) 热电偶是由两种成分不同的金属焊接组成的。其输出的是热电势（mV）信号。其测温时要求参比端的温度保持恒定；与显示仪表、板卡的接线要用与热电偶热电势特性相同的补偿导线，需要进行参比端温度补偿。与热电阻相比能测量较高的温度。

(2) 热电阻是由金属丝绕制而成。其输出的是电阻信号（Ω），但也可将该信号转换为电流信号，与显示仪表、板卡的接线只需用铜导线。

**14. 热电偶为什么需要进行冷端温度补偿?**

热电偶热电势的大小与其两端的温度有关，其温度-热电势关系曲线是在冷端温度为0℃时分度的。而在实际应用中，由于热电偶冷端受周围环境温度的影响，测温中的冷端温度不可能保持在0℃不变，如果冷端温度变化，必然会引起测量误差。为了消除这种误差，必须进行冷端温度补偿。

**15. 更换热电偶时将热电偶的极性接反，应怎样改正?**

必须到现场将热电偶的极性连接正确。

**16. 热电阻的测温原理是什么?**

热电阻的电阻值具有随温度变化而变化的特性，应用这一特性将测得的阻值转换成相对应的温度，从而达到测量温

度的目的。

**17. 为什么热电阻普遍采用三线制接线法？**

在热电阻根部的一端连接一根引线，另一端连接两根引线的方式称为三线制，这种方式通常与电桥配套使用，可以较好地消除引线电阻的影响，是工业过程控制中最常用的引线方式。

**18. 双金属温度计的测温原理是什么？**

利用两种不同膨胀系数的双金属片叠焊在一起作测温传感器，当温度变化时，双金属片弯曲，其弯曲程度与温度成比例进行测温，具体应用时，一端固定；另一端变形通过传动、放大等带动指针指示温度值。

**19. 压力式温度计的工作原理及特点各是什么？**

压力式温度计是利用感温物质的压力随温度而变化的特性工作的。先把感温物质充灌在温包内，然后通过毛细管和弹簧管压力计相连。当温包内的感温物质受到温度的作用后，密闭系统内的压力发生变化，使弹簧管的自由端产生位移，通过连杆和传动机构带动指针，在刻度盘上指示相应的温度。

特点：压力式温度计的毛细管较长，既可就地指示也可远传。滞后较大，反应较慢。

**20. 温度变送器的测量原理是什么？**

将热电阻或热电偶温度信号转换为二线制 4~20mA DC 的电信号输出。

**21. 使用玻璃温度计测量介质温度时对浸没深度有哪些要求？**

一般玻璃温度计上有浸没线，使用时，应插到浸没线处。如果没有浸没线，例如，工业玻璃温度计和电接点温度计，则以其上体扩大处作为浸没标志。也有的是全浸玻璃温度计，使用时需全浸在介质中。

**22. 热电偶补偿导线的性质和作用各是什么？**

补偿导线是用热电性质与工作热电偶相近的材料制成导线，用它将热电偶的冷端延长到所需要的地方，从而消除冷端温度变化引起的测量误差。

**23. 为什么有的离心式压缩机热电阻断线不会造成压缩机联锁停机？**

因为温度是传递有滞后性的连续参数，温度不能瞬间升高。热电阻断线故障时，检测信号会瞬间升高，TS3000 系统能够识别出断线故障，只做报警离线运行。

**24. 压力单位换算公式有哪些？**

$1atm = 0.1MPa = 100kPa = 1kgf/cm^2 = 1bar = 10mH_2O = 14.5psi$

$1psi = 6.895kPa = 0.06895bar = 6895Pa$

**25. 绝对压力、大气压与表压的相互关系是什么？**

绝对压力=大气压力+表压力。

**26. 智能变送器的常用通信方式有几种？**

智能变送器的常用通信方式有两种：

（1）HART 协议。

（2）DE 协议。

**27. HART 协议和 DE 协议是如何应用的？**

（1）将数字信号叠加在模拟信号上，两者可同时传输的是 HART 协议；数字信号和模拟信号分开传输，当传输数字信号时，模拟信号需中断的是 DE 协议。

（2）当变送器进行数字通信时，如果串在输出回路中的电流表还能有稳定的指示，则该变送器采用的是 HART

协议；如果电流表指针上下跳动，无法读出示值时，则该表采用的是 DE 协议。

（3）在数字通信时，以频率的高低来代表逻辑："1"和"0"的是 HART；而以脉冲电流的多少来代表逻辑"1"和"0"的是 DE 协议。

**28. 为什么数字仪表的性能比模拟仪表稳定？**

在模拟仪表中，信号是以连续的形式存在的，信号值的变化可以无限小，因此只要外界有一很微小的扰动，信号就会发生畸变。也就是说，模拟仪表的抗干扰能力较差，零点容易漂移。

在数字仪表中，信号的有效状态只有"0"或"1"，外界干扰只要没有达到使信号状态翻转的程度，仪表的输出就不会发生变化。只有非常大的扰动才会使信号发生畸变，所以数字仪表非常稳定。

**29. 什么是变送器的量程比？它有什么意义？**

量程比是最大测量范围（URV）和最小测量范围（LRV）之比。

量程比大，调整的余地就大，可在工艺条件改变时，便于更改变送器的测量范围，而不需要更换仪表，所以变送器的量程比是一项十分重要的技术指标。

**30. 弹簧管式压力表的工作原理是什么？它是由哪些零部件组成的？传动机构中各部件的作用是什么？**

（1）工作原理：弹簧管在压力的作用下，其自由端产生位移。该位移量通过拉杆带动传动放大机构，使指针偏转，并在刻度盘上指示出被测压力值。

（2）零部件组成：主要由带有螺纹接头的支持器、弹簧管、拉杆、调节螺钉、扇形齿轮、小齿轮、游丝、指针、上下夹板、表盘、表壳、罩壳等组成，如图 1 所示。

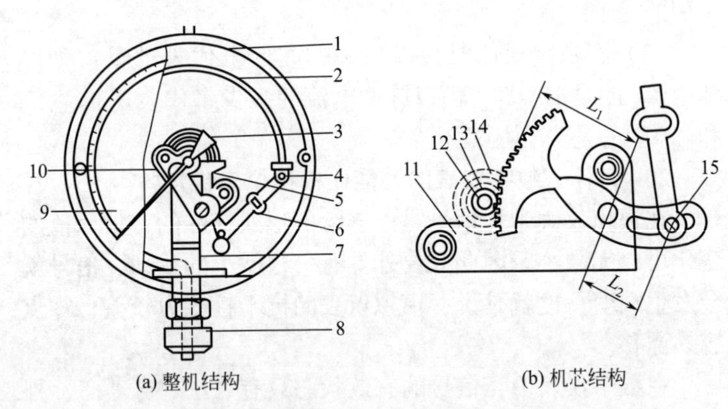


图 1　弹簧管式压力计结构示意图

1—表壳；2—弹簧管；3—指针；4—自由端；5—扇形齿轮；6—拉杆；7—机座；8—接头；9—刻度盘；10—上夹板；11—下夹板；12—中心齿轮轴；13—中心齿轮；14—游丝；15—刻度调节螺钉

（3）传动机构中各零部件的作用如下：

①拉杆：将弹簧管自由端的位移传给扇形齿轮。

②扇形齿轮：将线位移转换成角位移后，传给小齿轮并具有放大作用。

③小齿轮：带动同轴的指针转动，在刻度盘上指示出被测压力值。

④游丝：使扇形齿轮和小齿轮保持单向齿廓接触，消除两齿轮接触间隙，以减小回差。

⑤调整螺钉：改变调整螺钉的位置，可以改变扇形齿轮短臂的长度，达到改变传动比的目的。

⑥上下夹板：将上述部件固定在一起，组成一套传动机构。

⑦传动机构：又称为机芯，是压力表的心脏，它的作用是将弹簧管自由端的位移加以放大，达到易于读数的目的。

**31. 调校弹簧管式普通压力表对标准器的要求有哪些？**

标准器的综合误差应不大于被检压力表基本误差绝对值的1/10。

标准表的量程是被校表量程的1~1.5倍。

**32. 怎样确定压力表的量程？**

仪表量程是根据被测压力的大小来确定的。一般来讲，测量稳定压力时，工作压力应在量程的1/3~2/3之间；测量脉动压力时，工作压力应在量程的1/3~1/2之间。

**33. 为什么在冬季关闭室外原油压力表根部阀时个别压力表会出现压力升高的现象？**

由于原油的凝固点较高，如大庆采出原油的凝固点在25~30℃，压力表不能够完全进行保温处理，冬季环境温度低，弹簧管内原油凝固，在关闭截止阀时，对弹簧管内的凝固原油进行挤压，致使压力表指示升高。

**34. 在调校、检定压力表时为什么常轻敲表壳？**

轻敲表壳的目的是考验压力表的示值，以此来判断压力表内部传动部件配合是否良好，有没有机械摩擦和机械阻力，如果存在上述问题，必将影响弹性组件和传动机构的正常工作，而导致错误的指示值，所以通过轻敲表壳可以发现上述问题。

**35. 活塞式压力计可以用于调校氧压表吗？为什么？**

不可以。为了安全起见，氧压表必须禁油，因为氧气遇到油脂很容易引起爆炸。活塞式压力计是用油进行压力传递的，不能用于检定氧压表。

**36. 在测量蒸汽压力时对压力表的安装有何要求？**

测量蒸汽压力时，压力表下端应装有环形管，由蒸汽冷凝液传递压力，避免高温的蒸汽直接进入表内损坏仪表。

**37. 在哪些情况下应停止使用压力表？**

（1）有限止钉的压力表在无压力时，指针转动后不能回到限止钉处，没有限止钉的压力表在无压力时，指针零位的数值超过压力表规定的允许误差。

（2）压力表表面玻璃破碎或表盘刻度模糊不清。

**38. 为什么在同等压力、高温环境下要提高调节阀的压力等级？**

在高温环境下，金属的许用应力下降很多，再考虑到运行时可能会发生超温超压现象，所以选用调节阀一般应比工作压力高一个等级。

**39. 为什么现场变送器输出采用电流源而不是电压源？**

因为现场与控制室之间的距离较远，连接导线的电阻较大时，如果用电压源信号远传，由于导线电阻与接收仪表输入电阻的分压，将产生较大的误差，如果用电流源信号作为远传，只要传送回路不出现分支，回路中的电流就不会随导线长短而改变，从而保证了传送的精度。

**40. 为什么变送器信号起点电流选择 4mA DC 而不是 0mA DC？**

这是基于两点：一是变送器电路没有静态工作电流将无法工作，信号起点电流 4mA DC 就是变送器的静态工作电流；二是仪表电气零点为 4mA DC，不与机械零点重合，这种“活零点”有利于识别断电和断线等故障。

**41. 绝压变送器与表压变送器有何区别？**

（1）绝压变送器测的是设备内介质的绝对压力；表压

力变送器测的是以大气压力为基准的压力。

（2）在结构上：绝压变送器低压侧膜片是抽成真空的；而表压变送器低压侧膜片是直接和大气接触的。

**42. 手持通信器接入变送器回路时要注意什么？**

手持通信器接入变送器回路前一定要把手持通信器的电源关掉。

**43. 常用的物位检测仪表有哪些？**

玻璃管液位计、磁翻板液位计、浮球液位计、浮筒式液位计、差压式液位计、磁致伸缩液位计、雷达式液位计。

**44. 差压式液位计的工作原理是什么？**

容器内的液位高度改变时，液柱对某定点产生的静压也发生相应变化，这就是差压液位计的工作原理。

$$\Delta p = p_A - p_B = H\rho g \quad (1)$$

式中 $\Delta p$——差压变送器两端的压差，Pa；

$p_A$——正压侧压力，Pa；

$p_B$——负压侧压力，Pa；

$H$——液位高度，m；

$\rho$——液体密度，$g/cm^3$；

$g$——重力加速度，$m/s^2$。

**45. 浮筒式液位计的测量原理是什么？**

当液位越高时，浮筒所受的浮力越大，扭力管所受的力矩就越小，扭角也越小；反之则越大。测量扭力管扭角的变化，就能测量液位的变化。

**46. 雷达液位计的工作原理是什么？**

雷达液位计采用发射-反射-接收的工作模式。雷达液位计的天线发射出雷达波，这些雷达波经被测对象表面反射后，再被天线接收，雷达波从发射到接收的时间与到液面的距离成正比。

**47. 伺服液位计的测量原理是什么？有哪些优点？**

伺服液位计（图2）采用高精度力传感器和高精度伺服电动机系统和测量磁鼓，通过测量浮子所受浮力的增减所引起的钢丝拉力的变化，由控制器发出指令，伺服电动机以一定的步幅带动测量磁鼓转动，并带动浮子不断地跟踪液位的变化，同时，计数器记录了伺服电动机的转动步数，并自动计算出测量浮子的位移量，即液位的变化量。

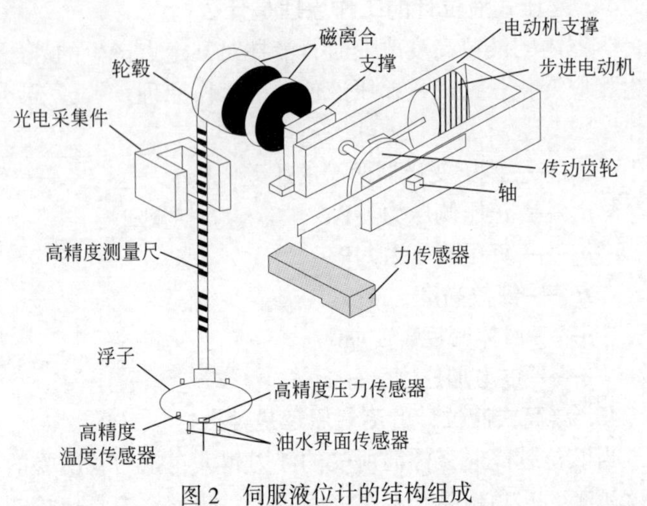


图2　伺服液位计的结构组成

伺服液位计不仅可以测量介质液位，同时还具有密度测量功能、油水界面测量功能、介质的平均密度和密度分布测量功能。

**48. 为何测量密闭容器的液位不能使用压力变送器？**

在密闭容器中，因为液面上部空间的气相压力不一定为定值，所以用压力变送器来测量液位时，其示值中就包含有气相压力值。因此，即使在液位不变时，压力变送器的示值也可能变化，因此无法正确反映被测液位，所以不能用压力变送器来测量密闭容器的液位。

**49. 使用差压仪表测量液体分界面时，其量程、迁移量和迁移后的测量范围如何计算？**

一般测量界面时选用正迁移，根据差压仪表的安装位置与取样位置，由静压原理可按下式计算。

设$\rho_1$为轻介质密度，$\rho_2$为重介质密度，$h$为界面变化范围，$h_o$为下引出口至变送器的高度，则：仪表量程：

$$\Delta p = h(\rho_2 - \rho_1)g \tag{2}$$

正迁移量：

$$A = h_o(\rho_2 - \rho_1)g \tag{3}$$

迁移后的测量范围为

$$A \sim A + \Delta p \tag{4}$$

**50. 能否用差压变送器测量密度不确定的液位测量？为什么？**

不能。仪表量程是根据$\Delta p = h(\rho_2 - \rho_1)g$确定，因为密度不定，仪表量程也无法确定，所以无法准确测量。

**51. 磁致伸缩液位计的工作原理是什么？**

测量时，电路单元产生电流脉冲，该脉冲沿着磁致伸缩线向下传输，并产生一个环形的磁场。在探测杆外配有浮子，浮子沿探测杆随液位的变化而上下移动。由于浮子内装有一组永磁铁，所以浮子同时产生一个磁场。当电流磁场与浮子磁场相遇时，产生一个“扭曲”脉冲，或称“返回”

脉冲。将“返回”脉冲与电流脉冲的时间差转换成脉冲信号，从而计算出浮子的实际位置，测得液位。

**52. 磁翻板液位计的工作原理是什么？**

根据浮力原理：浮子在测量管内随液位的升降而上下移动。浮子内的永久磁钢通过耦合作用，驱动红白翻柱翻转180°，液位上升时翻柱由白色转为红色，下降时由红色转为白色，从而实现液位指示。

**53. 流量有哪两种基本表示方法是什么？**

流量常用体积流量和质量流量表示，流体量以质量表示时称为质量流量，流体量以体积表示时称为体积流量。

二者关系为：

$$q_{\mathrm{m}}=\rho q_{\mathrm{v}} \tag{5}$$

式中 $q_{\mathrm{m}}$——质量流量，$\mathrm{m^3/s}$；

$q_{\mathrm{v}}$——体积流量，kg/s；

$\rho$——流体密度，$\mathrm{kg/m^3}$。

**54. 常用流量测量仪表有哪些种类？**

（1）差压式流量计：双波纹管差压计、膜片式差压计、孔板流量计、文丘里管流量计、喷嘴流量计。

（2）速度式流量计：涡轮流量计、旋进旋涡流量计。

（3）容积式流量计：椭圆齿轮流量计、刮板流量计。

（4）恒压式流量计：转子流量计。

（5）超声波式流量计：超声波流量计。

**55. 常用的标准节流装置有哪几种？**

有3种，分别是孔板、喷嘴和文丘里管。

**56. 孔板计量的误差来源主要有哪些？**

（1）节流装置的设计、制造、安装及使用不正确。

（2）计量器具的检定、维护和使用不当。

（3）计量参数的录取、处理及流量的计算方法不正确。

**57. 孔板流量计的工作原理是什么？**

充满管道的流体，当它们流经管道内的孔板时，流束在孔板处形成局部收缩，从而使流速增加，静压力降低，于是在孔板前后便产生了压力降，即压差。介质流动的流量越大，在孔板前、后产生的压差就越大，所以孔板流量计可以通过测量压差来衡量流体流量的大小。这种测量方法是以能量守恒定律和流动连续性定律为基准的。

**58. 将孔板方向装反时，流量会出现什么异常？**

流量比正常值偏低。

**59. 旋进旋涡流量计的测量原理是什么？**

进入流量计的气体，在旋涡发生体的作用下，产生旋涡流，旋涡流在文丘里管中旋进，到达收缩段突然节流，使旋涡加速；当旋涡流突然进入扩散段后，由于压力的变化，使旋涡流逆着前进方向运动；在进入区域内该信号频率与流量大小成正比。根据这一原理，采取通过流量传感器的压电传感器检测出这一频率信号，并与固定在流量计壳体上的温度传感器和压力传感器检测出温度、压力信号一并送入流量计算机进行处理，最终显示出被测流量。

**60. 旋进旋涡流量计定期维护的内容有哪些？**

（1）采样分析气质组分，调整气质参数。

（2）清洗过滤器、旋涡发生器等。

（3）根据实际情况，检查流量计上、下游管道内是否有沉积物。

**61. 差压式流量计由哪几部分组成？**

由节流装置、导压管、差压计或变送器及显示仪表四部分组成。

**62. 操作三阀组时需注意什么？**

注意两点：一是不能让导压管内的凝结水或隔离液流失；二是不能让测量元件单向受压。

**63. 涡轮流量计的结构和工作原理各是什么？**

涡轮流量计主要由涡轮、转速转换器（永久磁铁和感应线圈）等部分组成。

当被测流体通过流量计时，冲击涡轮叶片，使涡轮旋转，周期性地改变检测线圈磁电回路的磁阻，由于通过线圈的磁通量发生周期性变化，使检测线圈产生与流量成正比的脉冲信号，经前置放大器放大后，送入显示仪表进行瞬时流量的指示和累计。所以涡轮流量计实质上是通过测量置于被测流体的涡轮转速（要与流体流速成正比）来测量流量的。

**64. 超声波流量计由哪些部分组成？**

表体、探头、信号处理单元、压力变送器、温度变送器、流量计算机。

**65. 超声波流量计的主要优、缺点是什么？**

优点：(1) 高压力；(2) 大流量，量程比宽，可达 30∶1 以上；(3) 精度高；(4) 双向流，具有同等精度；(5) 抗干扰性强，受流态影响小；(6) 无可动部件；(7) 无压力损失。

缺点：(1) 对气质要求高，在天然气中有杂质，尤其是水或三甘醇等液体时会附着在探头表面，影响声波的发射和接收，严重影响计量；(2) 周围环境中不能存在超声波和电子噪声。

**66. 气体超声波流量计现场检查内容是什么？**

(1) 流量计参数检查；(2) 零流量检查；(3) 声速检查；(4) 单个声道检查；(5) 流量计内部检查；(6) 温度、压力联校；(7) 天然气组分数据检查；(8) 流量计算准确

性核查。

**67. 超声波流量计的测量原理及结构各是什么?**

超声波流量计采用时间差法测量原理（图3）：一个探头发射信号穿过管壁、介质、另一侧管壁后，被另一个探头接收到，同时，第二个探头同样发射信号被第一个探头接收到，由于受到介质流速的影响，两者存在时间差 $\Delta t$，根据推算得到流速 $v$ 和时间差 $\Delta t$ 之间的换算关系 $v=(C^2/2L)\times\Delta t$ 进而得到流量值 $Q$。

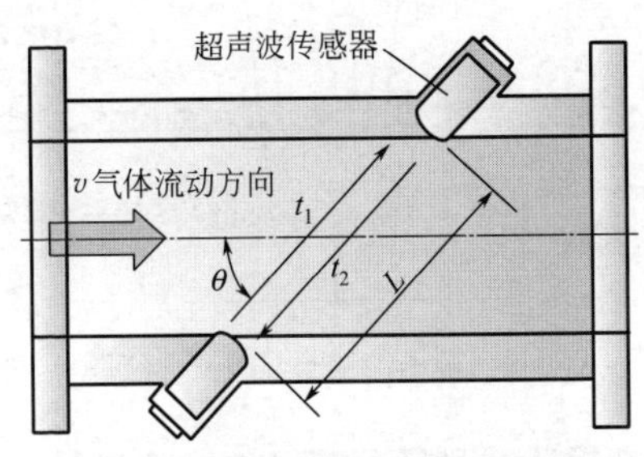


图3 超声波流量计的测量原理

结构：由超声波换能器、电子线路及流量显示和累积系统三部分组成。

**68. 转子流量计的组成及工作原理各是什么?**

转子流量计是由向上扩大的圆锥形管子和上下浮动的转子（又称浮子）组成（图4）。

工作原理（图4）：流体由锥管下方进入，穿过转子与锥管壁之间的圆环形空隙，从上方流出。转子是一个节流元件，环形空隙相当于节流流通面积。流体流经环形空隙时，因为流通面积突然变小，流体受到了节流作用，转子前后的流体静压力就产生了 $\Delta p=p_{前}-p_{后}$ 的压力差，在 $\Delta p$ 的作用下，转子受到一个向上的推力作用，使之上浮；同时还受到一个向下的力（自身重力与介质浮力之差）的作用，使之下沉。当二者达到平衡时，转子就稳定在某一高度上。转子在锥管中的高度和通过的流量有对应关系。

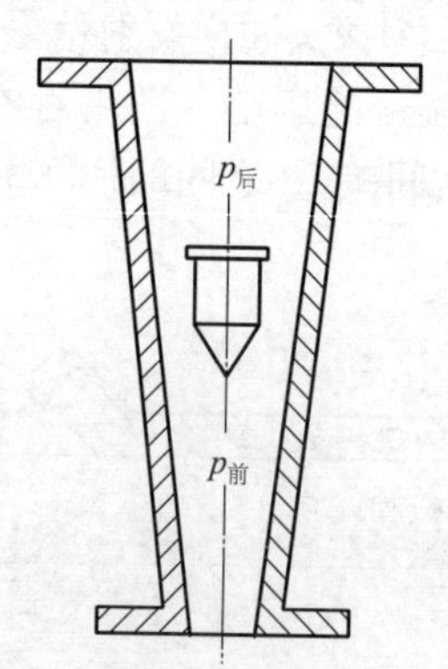


图 4　转子流量计的工作原理

## 69. 电磁流量计的测量原理及结构各是什么？

电磁流量计由磁路系统、测量导管、电极、外壳、衬里和转换器等部分组成，如图 5 所示。

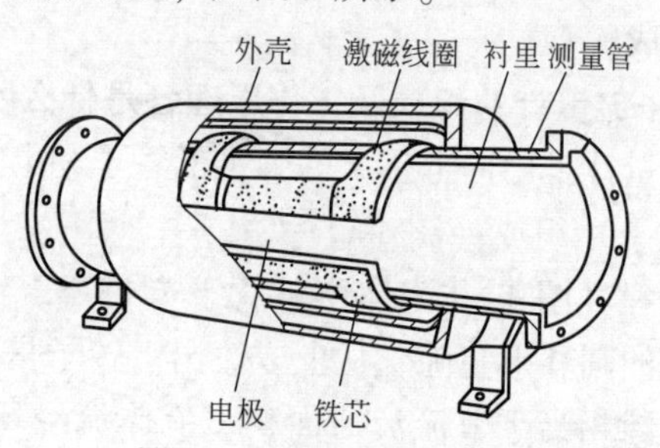


图 5　电磁流量计的结构

原理：当导电液体流过电磁流量计时，液体中会产生与

平均流速成正比的电压，此电压信号通过两个与液体接触的电极检测后传至放大器，然后转换成统一的信号输出。

**70. 为什么电磁流量计对接地有很高的要求？**

电磁流量计的信号比较微弱，流量很小时，输出信号只有几微伏，外界略有干扰，就会影响仪表精度，因此电磁流量计的接地特别重要。

**71. 刮板流量计的测量原理及特点各是什么？**

当被测液体由流量计的入口流入流量计时，在流量计的入口和出口之间产生一压差，该压差推动刮板和转子转动。转子每转一圈就排出一定量的流体，通过计算转子的转动次数，从而得到瞬时流量和累计流量。

特点：精度高、不受介质黏度影响。

**72. 科氏力质量流量计由哪几部分组成？**

质量流量计由传感器、变送器和显示器三部分组成。

**73. 科氏力质量流量计中变送器的作用是什么？**

变送器的作用是把来自传感器的低电平信号或二进制信号进行变换、放大，并输出与流量和密度成比例的4~20mA DC标准信号或频率/脉冲信号（或数字信号）。

**74. 为什么在质量流量计的传感器中要有测温热电阻？**

在质量流量计的传感器中装测温热电阻，是为了补偿测量管因温度变化而引起的刚性变化。

**75. 怎样进行差压式流量计的差压与流量关系的换算？**

根据流量计的流量与差压的平方根成正比，或者说，差压与流量的平方成正比。

**76. 对电脉冲转换器进行维修时应注意什么？**

（1）对电脉冲转换器进行接线维修时，应切断电脉冲转换器的电源。

（2）根据所使用的电脉冲转换器型号连接导线。隔爆型电脉冲转换器应按隔爆型要求接线，密封。

（3）注意电源极性，电源接反或将脉冲信号连接到电源电极上，将会引起不可恢复的破坏，因此接线后通电前要仔细核对。

**77. 自动成分分析仪表的分析原理是什么？**

自动成分分析仪表利用各种物质性质之间存在的差异，把所测得的成分或物质的性质转换成标准信号，实现远传、指示、记录和控制。

**78. 气相色谱的分离原理是什么？**

气相色谱能够分离是由其内因和外因决定的：

（1）内因是由于固定相与被分离的各组分发生吸附（或分配）作用的差别；其宏观表现为吸附（或分配）系数的差别；其微观解释就是分子间相互作用力的差别；

（2）外因是由于流动相的不间断流动，使被分离的组分与固定相发生反复多次的吸附（或溶解）、解吸（或挥发）过程；这样，使那些在同一固定相上吸附（或分配）系数只有微小差异的组分在固定相上的移动速度产生了很大差别，从而达到各组分的完全分离。

**79. 色谱分析中进样量过多或过少有什么影响？一般情况下气体和液体样品进样量为多少较合适？**

色谱分析中，进样量过多，会加重色谱柱的负担，使色谱峰明显变宽、变形，峰形不对称，使柱效率降低，影响分离效果和定量准确性；进样过少，会使微量组分的检出能力受到削弱，甚至不出峰。

气体样品的合适进样量一般为0.1~0.5mL，液体样品进样量一般为0.1~5μL。

**80. 色谱仪汽化室有何作用？色谱分析对汽化室有何要求？**

汽化室的作用是将液体或固体样品瞬间汽化为蒸气，它实际上是一个加热器。

色谱分析对汽化室要求很高，具体要求是：汽化室热容量要大；通常采用金属块作加热体；载气进入汽化室与样品接触前应预热，使载气温度和汽化室温度接近，为此可将载气管路沿金属块绕成螺管或在金属块内钻有足够长的载气通路，使载气能够得到充分预热；汽化室内径和总体积要小，以防止样品扩散并减小死体积。

**81. 气相色谱利用峰高或峰面积进行定量分析的依据是什么？它的准确度主要取决于什么？**

气相色谱中无论采用峰高或峰面积进行定量分析，其物质浓度（或含量）$m_i$和相应的峰高或峰面积$A_i$之间呈直线函数关系，符合数学式$A_i=f_i \cdot m_i$，这是色谱定量分析的重要依据。

色谱分析的准确度主要取决于进样量的重复性和操作条件的稳定程度。

**82. 状态监测系统传感器监测的基本参数有哪些？**

状态监测传感器监测的基本参数有轴振动、轴位移、键相位与转速。

**83. 状态监测系统传感器由哪几部分构成？**

由传感器（探头）、延伸电缆和前置放大器构成。

**84. 状态监测系统各部分的作用是什么？**

（1）传感器（探头）：传感器的核心部分是线圈，它是整个传感器系统的敏感元件，它最靠近轴的表面，所以它能测出在探头顶部和轴表面之间的间隙。

（2）延伸电缆：是用于连接探头和前置放大器的。

(3) 前置放大器简称前置器，它实际上是一个电子信号处理器：一方面前置器为探头线圈提供高频电源以产生磁场；另一方面，前置器感受探头与被测金属导体间的间隙，产生随该间隙线性变化的输出电压或电流信号。

**85. 3500监测系统的组成有哪些?**

3500监测系统主要由上位机、机架（电源模块、组态模块、各类检测模块、联锁输出模块、各类通信模块）、故障分析及数据管理软件、显示器及信号采集系统组成。

**86. 对轴振动、轴位移探头的安装间隙有何要求?**

由于探头顶端是由铂金丝绕制的扁平状线圈，当两探头尖端靠得太近时，通过线圈的电流产生的高频磁场就会相互干扰，轴振动探头和轴位移探头的间距应大于38mm，以防止顶端线圈所产生的磁场相互干扰。

**87. 离心式压缩机为什么设置防喘振系统?**

当流量低于一定值或压比高于一定值时，压缩机会发生喘振现象。通过控制压缩机回流系统，增加压缩机的流量或降低压比，从而达到防止压缩机喘振的目的。

**88. 随动防喘振控制的防喘振线是固定不变的吗?**

不是，是变化的。防喘振控制器每监测到发生一次喘振，防喘振线将会向工作区域平行移动一定的距离。

**89. 大型机组装置启机前，仪表为什么要与电岗做联动试验?**

(1) 通过联动试验检验仪表所有联锁是否正常。

(2) 检查电气的启停回路是否正常。

**90. 压缩机拆机处理轴瓦温度检测故障后，为何不能立刻启机?**

因为处理压缩机轴瓦温度检测故障时，须拆机处理。重新安

装时，机械密封胶凝固时间在12~20小时，故不可立即启机。

**91. 压力开关的工作原理是什么？**

当被测压力超过或低于额定值时，弹性组件的自由端产生位移，直接或经过比较后推动开关组件，改变开关组件的通断状态，达到控制被测压力的目的。

**92. 压力开关绝缘性如何检查？**

用兆欧表分别测试微动开关的输出点与地之间的绝缘电阻应不低于20MΩ，常开触点的绝缘电阻应不低于20MΩ。

**93. 浮球液位开关的工作原理是什么？**

当被测介质液位升高或降低时，受浮力作用，浮球随之升降，带动杠杆运动，磁性开关随之动作，其端部的动触点在静触点间接通或断开。

**94. 双金属温度开关的动作原理是什么？**

双金属温度开关是一种用双金属片作为感温元件的温度开关，电器正常工作时，双金属片处于自由状态，触点处于闭合/断开状态，当温度升高至动作温度值时，双金属元件受热产生内应力而迅速动作，断开/闭合触点，切断/接通电路，从而起到热保护作用。当温度降到设定温度时触点自动闭合/断开，恢复正常工作状态。

**95. 长度的换算公式有哪些？**

1m = 10dm = 100cm = 1000mm = 1000000μm。

1m≈39. 37in（英寸），1in = 2. 54cm。

**96. 游标卡尺由哪几部分组成？适合测量哪些数据？**

它由尺身及能在尺身上滑动的游标组成。

游标卡尺适合测量长度、内外径和深度。

**97. 自动化仪表主要有哪些功能？**

（1）自动检测。

（2）自动信号联锁保护。

（3）自动操纵。

（4）自动调节。

**98. 站控系统的组成有哪些？**

站控系统由站控计算机、远程终端 RTU、通信设施及相应的外部设备组成。

**99. RTU 即远程终端装置具有哪些主要功能？**

（1）数据采集。

（2）数据处理。

（3）远程控制。

（4）通信。

**100. 简单控制系统的组成包括哪几部分？**

简单控制系统，也称单回路系统，由四个基本环节组成，即被控对象、测量变送装置、调节器和执行机构（一般为调节阀）。

**101. 简单控制回路的构成包括哪几部分？**

简单控制回路是由测量元件及变送器、控制器、执行器所构成的闭环控制回路。

**102. 简单控制系统的组成用方块图怎样表示？**

简单控制系统的组成如图 6 所示。

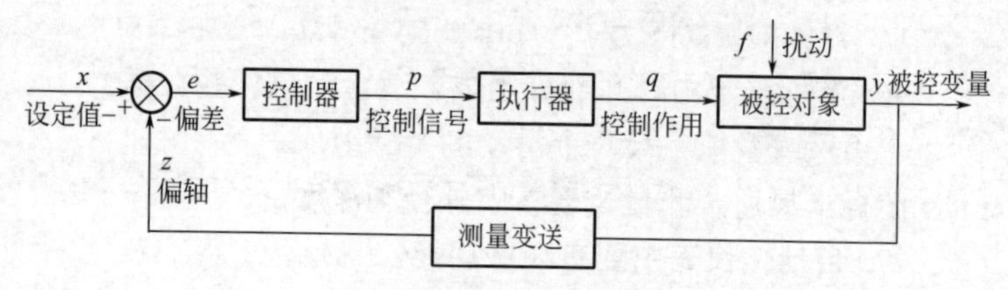


图 6　简单控制系统的组成

**103. PID 参数在调节回路中的作用是什么？**

（1）比例度：用来表示其作用强弱。比例度越小，比例作用越强。

（2）积分时间：用来表示其作用强弱。积分时间越小，积分作用越强。

（3）微分时间：用来表示其作用强弱。微分时间越大，微分作用越强。

**104. 为什么压力、流量的调节一般不采用微分，而温度成分调节多采用微分规律？**

（1）对于压力、流量等被调参数来说，对象调节通道时间常数较小，而负荷又变化较快，这时微分作用要引起振荡，对调节质量影响很大，故不采用微分调节规律。

（2）而对于温度、成分等测量通道和调节通道的时间常数较大的系统来说，采用微分规律这种超前作用能够收到较好的效果。

**105. 调节器的正、反作用是什么？**

调节器的输出随偏差值的增加而增加是调节器的正作用，反之为反作用。

**106. 无扰动切换是什么？**

在将控制系统由手动切换至自动过程中，不应造成系统的扰动，即不应该破坏系统原有的平衡状态，亦即切换中不能改变原先控制阀的开度。

**107. 如何评价调节回路的好坏？**

当调节回路由手动状态投入自动状态的情况下，如果测量值能快速跟踪设定值变化，说明这个调节回路性能良好。

**108. 投用调节回路的一般步骤有哪些？**

远程手动给执行器一个输出值，稳定一段时间后，当测量值接近给定值时；将调节回路投入自动。

**109. 报警和联锁系统产生误动作的原因有哪些？**

（1）现场信号故障。

（2）保护系统自身故障。

（3）系统本身的电源故障。

**110. 在逻辑图中，基本的逻辑符号有哪些？**

基本的逻辑符号有与、或、非符号，继电器符号，开关符号。

**111. DCS 系统与 PLC 系统的区别是什么？**

（1）“系统”和“装置”区别。PLC 是可编程控制器，是控制装置。DCS 是集散控制系统。

（2）工作方式不同。PLC 采取循环扫描方式，执行速度受程序大小影响。DCS 控制单元采取实时采样形式，不受程序大小的影响。

（3）功能不同。PLC 实现的功能在 DCS 中都能实现，但 DCS 有些功能 PLC 却不能实现。

（4）使用环境不同。PLC 适应小系统，环境较恶劣的地方。DCS 适合大系统，环境较好的地方。

（5）开发软件环境不同。PLC 采用梯形图逻辑实现过程控制，但对复杂回路的控制算法，没有 DCS 来得容易。

（6）网络结构及通信协议不同。

（7）价格成本不同。

**112. DCS 系统的组成及其特点各是什么？**

DCS 系统组成：由过程输入/输出接口单元、过程控制单元、操作站、工程师站、高速数据通道组成。

特点：分散控制和集中管理。

**113. DCS 采用哪几种通信方式？**

DCS 采用两种通信方式：一种是数字通信方式；另一种是模拟通信方式。

**114. 在 DCS 中都采用哪些冗余措施？**

（1）电源冗余，采用双电源或矩阵式多电源供电。

（2）通信线路，采用双线冗余。

（3）控制单元，采用一比一冗余或多比一冗余。

（4）输入/输出冗余。

（5）多台操作站之间互为冗余。

**115. DCS 操作站和工程师站有哪些功能？**

DCS 操作站的基本功能：过程显示和控制、现场数据的收集和恢复显示级间通信、系统诊断、仿真调试等。工程师站的基本功能是在操作站功能的基础上还具有系统配置和组态的功能。

**116. DCS 系统故障大致分哪几部分？**

DCS 系统故障大致可分为两部分：

（1）现场仪表设备故障。

（2）计算机系统本身故障。

**117. PLC 的编程方式有哪些？**

梯形图、语句表、功能块图。

**118. 控制系统常用的模块有哪些？分别指的是什么模块？**

AI——模拟量输入模块；AO——模拟量输出模块；DI——数字量输入模块；DO——数字量输出模块。

**119. 什么是紧急停车系统（ESD）？**

ESD 是 Emergency Shutdown System 的简称，中文意思是紧急停车系统；它用于监视装置或独立单元的操作，如果生产过程超出安全操作范围，可以使其进入安全状态，确保装置或独立单元具有一定的安全度。

**120. ESD紧急停车系统为什么要与DCS系统分开而单独设置?**

这样做主要有以下几方面原因:

(1) 降低控制功能和安全功能同时失效的概率，当维护DCS部分故障时也不会危及安全保护系统。

(2) 对于大型装置或旋转机械设备而言，紧急停车系统响应速度越快越好。这有利于保护设备，避免事故扩大，并有利于分辨事故原因。而DCS处理大量过程监测信息，因此其响应速度难以做得很快。

(3) DCS系统是过程控制系统，是动态的，需要频繁的人工干预，这有可能引起人为误动作；而ESD是静态的，不需要人为干预，这样设置ESD可以避免人为误动作。

**121. 数字式显示仪表由哪几部分组成?**

由模/数（A/D）转换、非线性补偿、标度变换和显示装置四部分组成。

**122. 如何解读电气接线图?**

解读电气接线图依据下列原则:

(1) 先找主回路，再找控制回路并分开交、直流回路。

(2) 按自上而下、从左到右的方法。

(3) 图中文字、符号相同的部件属同一电气设备。

(4) 电气接线图中所表示组件的工作状态是各个电器没有带电时的状态，即继电器等是表示线圈未通电时的接点状态，对于按钮和行程开关则是处于未按下和未接触上的状态。

**123. 在线式UPS不间断电源的功能有哪些?**

(1) 当外网供电中断时，保证电源不间断。

(2) 当外网供电不稳定时，保持供电稳定输出。

**124. 什么叫隔离？何种情况下应采用隔离方式进行测量？**

隔离是采用隔离液、隔离膜片使被测介质与仪表部件不直接接触，以保护仪表和实现测量的一种方式。对于腐蚀性介质，当测量仪表的材质不能满足抗腐蚀的要求时，为保护仪表，应采用隔离。对于黏稠性介质、含固体物介质、有毒介质，或在环境温度下可能汽化、冷凝、结晶、沉淀的介质，为实现测量，可采用隔离。

**125. 为保证冬季仪表正常运行，常采用哪些介质作隔离液？它们的凝固点为多少？**

常采用的隔离液有：

（1）甘油水混合液：甘油含 60% 时，凝固点可达 -30℃；甘油含 70%时，凝固点可达-40℃。

（2）乙二醇和水混合液：乙二醇含 50%时，凝固点可达-35℃；乙二醇含 60%时，凝固点可达-50℃。

（3）变压器油，凝固点为-25℃。

（4）柴油，凝固点为-20℃。

（5）四氯化碳，凝固点-23℃。

（6）氟油，凝固点-35℃。

**126. 仪表用防腐隔离液有哪些要求？**

仪表防腐隔离液是将变送器和导压管与具有腐蚀性的被测介质相隔离，达到防腐作用，在选用隔离液时有以下要求。

（1）与被测介质接触呈惰性，不互相溶解，长期使用不变质（至少半年不变质）。

（2）热稳定性好，不易挥发，具有高沸点、低凝固点（-40℃）性能。

（3）如果被测介质是液体，则要求隔离液与被测介质有一定的密度差，防止互混。当被测介质是低沸点液体时，要选密度大的隔离液，防止介质汽化时带走隔离液。

**127. 为什么对模拟量进行测量时，要选用本安型仪表构成本安回路？**

因为在装置运行时，要对模拟量在线带电调试，隔爆型仪表不允许带电打开，本安回路中仪表允许带电打开，所以模拟量测量仪表要选用本安型并构成本安回路。

**128. 两台设备同时需要一个信号时如何解决？**

将安全栅更换为一进二出即可。

**129. 齐纳式安全栅的优缺点是什么？**

优点：便于对电能量进行限制，原理简单，价格低廉。

缺点：要求现场仪表必须是隔离型，接地电阻必须小于1Ω，容易因电源的波动而损坏，系统稳定性和可靠性较差。

**130. 隔离式安全栅的特点是什么？**

（1）采取输入、输出、电源三方隔离方式，无须系统接地线路，现场仪表无须采用隔离式仪表，信号线路无须共地，控制回路的稳定性和抗干扰能力较强，系统稳定性较高。

（2）有较强的输入信号处理能力，用途广泛，适用于要求较高的生产现场。

**131. 本安型仪表的特点是什么？**

本质安全型仪表的特点是在正常状态下或故障状态下，电路、系统产生的火花和达到的能量不会引起爆炸混合物发生爆炸。

**132. 隔爆型仪表的特点是什么？**

隔爆型仪表的主要特点是将仪表中可能产生火花、电弧的部分放在一个或分放在几个具有一定强度并起隔离作用的外壳中，引爆时，外壳不致被炸坏。

**133. 现场仪表电源短路在仪表柜如何查线？**

由于现场24V直流电源在控制室仪表接线柜端子排上并联连接，可在控制室仪表柜内将24V直流电源断掉，在接线端子排中间拆除一根并连线，采用除2排除法进行查找。

**134. 自力式调节阀有何特点？适用于什么场合？**

特点：自力式调节阀是一种不需要任何外加能源，并且把测量、调节、执行三种功能统一为一体，利用被调介质的能量来推动调节机构，实现自动控制。它具有结构简单、价格便宜、动作可靠等特点。

适用于流量变化小、调节精度要求不高或仪表气源供应困难的场合。

**135. 自力式调节阀的分类及作用是什么？**

自力式调节阀分为直接作用式和间接作用式两种。

（1）直接作用式调节阀　利用弹性力与反馈信号平衡的原理。

（2）间接作用式调节阀，增加了一个指挥器（先导阀），它起到对反馈信号的放大作用，然后通过执行机构，驱动主阀阀瓣运动达到改变阀开度的目的。

**136. 火炬点火系统的组成包括哪几部分？**

主要由点火枪、引火筒、高压发生器、地面点火箱、电磁阀、流量开关、热电偶温度检测、火焰检测装置和控制柜等组成。

**137. 气动执行器由哪几部分组成？各部分的作用是什么？**

气动执行器由阀门定位器、执行机构及阀体部件等附件组成。

（1）阀门定位器可与气动执行机构构成反馈机构，提高执行机构的线性度，实现准确定位，并且可以改变执行机构的特性，从而改善执行器的特性。

（2）执行机构是执行器的推动装置，它按信号压力的大小产生相应的推力，使阀杆产生相应的位移，从而带动执行器的阀芯动作。

（3）阀体部件是执行器的调节部分，它直接与介质接触，由阀芯的动作改变执行器的节流面积，达到调节的目的。

**138. 调节阀分为哪几种？分别是什么？**

直通双座阀、直通单座阀、角形阀、三通调节阀、套筒型调节阀、隔膜调节阀、蝶阀、偏心旋转阀、球阀。

**139. 气动执行器按哪几种形式分类？**

（1）按动作形式分为：直行程和角行程。

（2）按作用形式分为：单作用和双作用。

（3）按调节形式分为：调节型和开关型。

**140. 调节阀的调节机构根据阀芯运动的形式分为哪几类？主要有哪些阀？**

（1）直行程，包括直通双座阀、直通单座阀、角形阀、三通调节阀、套筒型调节阀。

（2）角行程，包括蝶阀、偏心旋转阀、球阀。

**141. 一台正在运行的气动薄膜调节阀，如果阀芯与阀杆脱节，会出现什么现象？**

（1）被调参数突然变化。

（2）调节阀不起控制作用，阀杆动作，但流经调节阀的流量不变。

**142. 如何选用气动调节阀的气开式和气关式？**

（1）事故条件下，工艺装置应尽量处于安全状态。

（2）事故状态下，减少原料或动力消耗，保证产品质量。

（3）考虑介质特性。

**143. 图 7 中的液面调节回路，工艺要求故障情况下送出的气体中也不许带有液体。如何选取调节阀气开、气关形式和调节器的正、反作用？这一调节回路的工作过程是什么？**

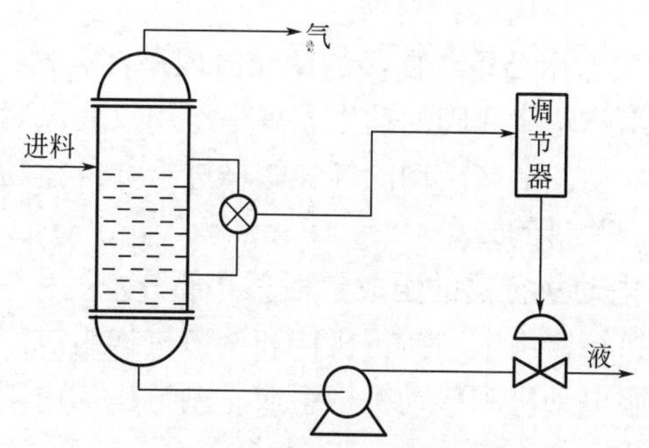


图 7　液面调节回路示意图

因工艺要求故障情况下送出的气体不许带液，即当气源压力为零时，调节阀应打开，所以调节阀是气关阀。当液位升高时，要求调节阀开度增大，由于所选取的是气关调节阀，故要求调节器输出减小，调节器应选反作用。

其工作过程如下：液体升高时液位变送器输出增大，调节器输出减小，调节阀开度增大，液位输出增大，液位降低。

**144. 阀门定位器的作用是什么？**

（1）提高调节阀的定位精度及可靠性。

（2）可增加执行机构的输出力。

（3）提高调节阀的反应速度。

（4）可改善调节阀的流量特性。

（5）可构成分程调节。

（6）可实现阀门动作反向。

**145. 为什么调节阀不能在小开度下工作?**

(1) 影响阀的使用寿命。

(2) 易产生振荡。

(3) 易损坏阀芯密封面。

**146. 双作用凸轮绕曲阀的动作原理是什么?**

双作用凸轮绕曲阀的动作原理是运用仪表风对气缸内的活塞进行推动,活塞带动阀杆,阀杆进行往复运动,从而达到阀的开、关目的。

**147. 电动执行器的组成包括哪几部分?**

电动执行器由电动执行机构和调节机构组成。电动执行机构由伺服电动机和传动机构组成。调节机构由阀杆、阀芯和阀座组成。

**148. 联锁系统的电磁阀应在什么状态下工作?**

从安全可靠的角度考虑,联锁系统的电磁阀应在常带电状态下工作。

**149. 电磁阀按照工作原理分哪几种?**

电磁阀按照工作原理分为:

(1) 直动式电磁阀。

(2) 先导式电磁阀。

**150. 加热炉单回路燃烧控制系统的组成包括哪几部分?**

系统应由出炉介质温度变送器、控制器和执行器组成。单回路燃烧控制器仅有一个 PID 回路,执行器由燃料调节阀、助燃风调节阀和旋风器组成,它们通过燃料调节阀阀门定位器和连杆机构构成一个联动装置。助燃风和燃料的配比通过阀门定位器螺钉的调整实现。

**151. 加热炉多回路燃烧控制系统的组成包括哪几部分?**

多回路燃烧控制系统应由检测仪表、多回路控制器和多

台执行器组成。多回路燃烧控制器中具有出炉介质温度、燃料流量、助燃风流量和烟气含氧四个控制回路，具有烟气含氧量和助燃风燃料配比两个给定曲线自动设置模块，出炉介质温度为主被调参数，燃料流量和助燃风流量为副被调参数。执行器由燃烧介质调节阀、助燃风调节阀和旋风器组成，它们受控于格子的执行机构。

**152. 滑阀根据结构和动作特点分为哪几类？**

滑阀根据结构和动作特点分为往复式和回转式两类。

**153. 火灾报警系统的组成包括哪几部分？**

火灾报警系统一般由火灾探测器、区域报警器和集中报警器组成。

**154. 火灾报警控制器的功能是什么？**

（1）用来接收火灾信号并启动火灾报警装置。

（2）能通过火警发送装置启动火灾报警信号或通过自动消防灭火控制装置启动自动灭火设备和消防联动控制设备。

（3）自动的监视系统的正确运行和对特定故障给出声、光报警。

**155. 可燃气体报警器的用途是什么？**

当工业环境中可燃气体报警器检测到可燃气体浓度达到爆炸下限或上限的临界点时，可燃气体报警器就会发出报警信号，以提醒工作人员采取安全措施，并驱动排风、切断、喷淋系统，防止发生爆炸、火灾、中毒事故，从而保障安全生产。

**156. 氨气检测报警器的组成包括哪几部分？**

氨气检测报警器由气体检测报警控制器和固定式氨气检测器组成。

**157. KVVP、RVVP 两种电缆代表的意义是什么？**

KVVP：聚氯乙烯护套编织屏蔽电缆。

RVVP：铜芯聚氯乙烯绝缘屏蔽聚氯乙烯护套软电缆。

**158. 在低电平信号电缆中，两股信号线相互绞合有什么好处？**

（1）两股信号线相互绞合能有效地提高电缆的抗干扰能力。

（2）因为信号线相互绞合后，由于磁感应产生的干扰电压在导线中都能相互抵消。

（3）它能使两股导线到干扰源的平均距离保持基本相等，使两股信号线中产生的干扰电势的大小也基本相等。

（4）这种幅值相等的共模干扰到仪表输入端的影响便可被相互抵消。

**159. 现场接线箱仪表分支电缆屏蔽与主电缆屏蔽如何连接？**

采用现场接线箱端子排连接方式连接，并与接线箱做好绝缘，主电缆屏蔽集中在控制室单端接地。

**160. 现场仪表防爆接线箱为什么最好选择隔爆型？**

在现场发生火灾或其他故障的情况下，为了保证控制回路的完好性，及时发出各类联锁保护及报警信号，因此要选择具有耐冲击功能的隔爆箱。

**161. 现场设置接线箱（盒）的意义是什么？**

（1）将控制室仪表及电气设备与现场仪表及电气设备进行连接。

（2）在现场仪表、电气设备较为集中的中心区域设置接线端子箱。

**162. 防爆挠性管的特点是什么？**

防爆挠性管适用于爆炸性混合物场所，便于导线连接

或钢管布线弯曲难度较大的场所，具有耐燃、耐油、耐腐蚀、耐水、耐磨、耐老化、挠性良好、结构牢固、工作可靠等优点。

**163. 仪表保温箱的构成及特点各是什么？**

仪表保温箱由箱体、仪表安装支架及电器加热器等部件构成。它具有标准化程度高、机械强度高、抗老化性能强、保温性能好、密封性能好，且造型美观、结构合理、形式多样、安装操作方便等特点。

**164. 对仪表汇线桥架敷设方式有哪些要求？**

（1）汇线桥架安装在工艺管架上时，应布置在工艺管架环境条件较好的一侧或上方。

（2）交流电源线路和仪表信号线路应分桥架敷设。

（3）汇线桥架内的交流电源线路和仪表信号线路应隔开敷设，隔板应与桥架同高。

（4）本安信号与非本安信号线路应隔开敷设。

## 二、HSE 知识

### （一）名词解释

**1. 可燃气体**：能够与空气（或氧气）在一定的浓度范围内均匀混合形成预混气，遇到火源会发生爆炸燃烧，燃烧过程中释放出大量能量的气体。

**2. 有毒气体**：有毒气体，顾名思义，就是对人体产生危害，能够致人中毒的气体。

**3. 爆炸**：在周围介质中瞬间形成高压的化学反应或状态变化，通常伴有强烈放热、发光和声响。

**4. 防爆电器**：存在有爆炸危险性气体和蒸气的场所采

用的一类电气设备。

**5. 静电：**对观测者处于相对静止的电荷。静电可由物质的接触与分离、静电感应、介质极化和带电微粒的附着等物理过程而产生。

**6. 接地：**指与大地的直接连接，电气装置或电气线路带电部分的某点与大地的连接、电气装置或其他装置正常时不带电部分某点与大地的人为连接都称为接地。

**7. 保护接地：**将正常情况下不带电，而在绝缘材料损坏后或其他情况下可能带电的电器金属部分（即与带电部分相绝缘的金属结构部分）用导线与接地体可靠连接起来的一种保护接线方式。

**8. 单独接地：**就是用电器的接地线不与其他电器的地线合用。

**9. 等电位线接地：**将分开的装置、诸导电物体用等电位连接导体或电涌保护器连接起来以减小雷电流在它们之间产生的电位差。

**10. 保护接零：**把电工设备的金属外壳和电网的零线可靠连接，以保护人身安全的一种用电安全措施。

**11. 燃烧：**在周围介质中瞬间形成高压的化学反应或状态变化，通常伴有强烈放热、发光和声响。

**12. 闪燃：**在周围介质中瞬间形成高压的化学反应或状态变化，通常伴有强烈放热、发光和声响。

**13. 闪点：**在规定的试验条件下，可燃性液体或固体表面产生的蒸气在试验火焰作用下发生闪燃的最低温度。

**14. 自燃点：**在规定的试验条件下，不用任何辅助引燃能源而达到引燃的最低温度。

**15. 着火：**可燃物在与空气共存的条件下，当达到某一

温度时，与着火源接触即能引起燃烧，并在着火源离开后仍能持续燃烧，这种持续燃烧的现象叫着火。

**16. 爆炸极限**：由外界点燃源引起爆炸性气体或蒸气、可燃性粉尘与空气形成的混合物发生爆炸的浓度极限。

**17. 火灾**：在时间和空间上失去控制的燃烧。

**18. 高处作业**：在距坠落高度基准面 2m 及以上有可能坠落的高处进行的作业。坠落高度基准面是指可能坠落范围内最低处的水平面。

**19. 动火作业**：在具有火灾爆炸危险性的生产或施工作业区域内能直接或间接产生明火的各种临时作业活动。

**20. 特种作业**：容易发生人员伤亡事故，对操作者本人、他人的生命健康及周围设施的安全可能造成重大危害的作业。

**21. 挖掘作业**：在生产、作业区域使用人工或推土机、挖掘机等施工机械，通过移除泥土形成沟、槽、坑或凹地的挖土、打桩、地锚入土作业；建筑物拆除以及在墙壁开槽打眼，并因此造成某些部分失去支撑的作业。

**22. 危险化学品**：指具有毒害、腐蚀、爆炸、燃烧、助燃等性质，对人体、设施、环境具有危害的剧毒化学品和其他化学品。

**23. 进入受限空间作业**：在生产或施工作业区域内进入炉、塔、釜、罐、仓、槽车、烟道、隧道、下水道、沟、坑、井、池、涵洞等封闭或半封闭，且有中毒、窒息、火灾、爆炸、坍塌、触电等危害的空间或场所的作业。

**24. 危险化学品重大危险源**：长期或临时地生产、加工、使用或储存危险化学品，且危险化学品的数量等于或超过临界量的单元。

**25. 安全仪表：**保障安全生产，防止发生火灾爆炸事故及人身中毒、窒息伤亡事故所用的仪表，主要有可燃气体检测报警器、有毒有害气体检测报警器、空气中氧含量检测报警器、烟火报警器等。

**26. 安全生产：**通过人-机-环的和谐运作，使社会生产活动中危及劳动者生命和健康的各种事故风险和伤害因素始终处于有效控制的状态。

**27. 安全火花：**该火花的能量不足以引燃周围可燃性物质。

**28. 安全火花型防爆仪表：**在正常状态和事故状态下产生的火花。

**29. 安全标志：**用以表达特定安全信息的标志，通常由图形符号、安全色、几何形状（边框）或文字构成。

**30. 劳动保护：**根据国家法律、法规，依靠技术进步和科学管理，采取组织措施和技术措施，消除危及人身安全健康的不良条件和行为，防止事故和职业病，保护劳动者在劳动过程中的安全与健康。

**31. 安全生产责任制：**明确企业各级负责人、各类工程技术人员、各职能部门和生产中应负的安全职责的制度。

**32. 点火源：**使物质开始燃烧的外部热源（能源）。

**33. 绝缘：**用绝缘材料阻止导电原件之间的电传导。

**34. 漏电保护：**也叫剩余电流保护，是对漏电或触电事故做快速反应的保护方式。

### （二）问答

**1. 在安全生产工作中通常所称的“三违”指什么？**

“三违”是指违章指挥、违章操作、违反劳动纪律。

**2. 事故按其性质分为哪几类？**

事故按其性质分为：工业生产安全事故、道路交通事

故、火灾事故和环境保护事故。

**3. 什么是“四不伤害”?**

“四不伤害”是指不伤害自己，不伤害他人，不被他人伤害，保护他人不受伤害。

**4. 火灾分为哪几类?**

（1）A类火灾：指固体物质火灾，这种物质通常具有有机物质，一般在燃烧时能产生灼热灰烬，如木材、棉、毛、麻、纸张火灾等。

（2）B类火灾：指液体火灾和可熔化的固体物质火灾，如汽油、煤油、柴油、原油、甲醇、乙醇、沥青、石蜡火灾等。

（3）C类火灾：指气体火灾，如煤气、天然气、甲烷、乙烷、丙烷、氢气火灾等。

（4）D类火灾：指金属火灾，如钾、钠、镁、铝镁合金火灾等。

（5）E类火灾：指带电火灾，是物体带电燃烧的火灾，如发电机、电缆、家用电器等。

（6）F类火灾：指烹饪器具内烹饪物火灾，如动植物油脂等。

**5. 安全标志是怎样规定的?**

安全标志分为禁止标志、警告标志、命令标志和提示标志四大类型。

禁止标志是禁止人们不安全行为的图形标志。禁止标志的几何图形是带斜杠的圆边框，其中圆边框与斜杠相连，用红色；图形符号用黑色，背景用白色。

警告标志是提醒人们对周围环境引起注意，以避免可能发生危险的图形标志。警告标志的几何图形是黑色的正三角形，黑色符号和黄色背景。

命令标志是强制人们必须做出某种动作或采用防范措施的图形标志。命令标志的几何图形是圆形，蓝色背景，白色图形符号。

提示标志是向人们提供某种信息（如标明安全设施或场所等）的图形标志。提示标志的几何图形是方形，绿、红色背景，白色图形符号及文字。

**6. 安全色分别是什么颜色？含义又各是什么？**

我国《安全色》国家标准中采用了红、黄、蓝、绿四种颜色为安全色。这四种颜色有如下含义：

（1）红色传递禁止、停止、危险或提示消防设备、设施的信息。

（2）蓝色传递必须遵守规定的指令性信息。

（3）黄色传递注意、警告的信息。

（4）绿色传递安全的提示性信息。

**7. 消除静电危害的措施有哪些？**

消除静电危害的措施大致可分为3类：

（1）泄漏法，静电接地、增湿、加入抗静电剂等都属于这种方法。

（2）中和法，主要采用各种静电中和器中和已经产生的静电，以免静电积累。

（3）工艺控制法，即在材料选择、工艺设计、设备结构等方面采取的消除静电的措施。

**8. 消除静电的方法有哪些？**

（1）静电接地。接地是消除静电危害最简单、最基本的方法，主要用来消除导电体上的静电，而不宜用来消除绝缘体上的静电。

（2）增湿。增湿是提高空气的湿度以消除静电荷的积累。有静电危险的场所，在工艺条件允许的情况下，可以安装空调设备、喷雾器或采用挂湿布条等办法，增加空气的相对湿度。

（3）加抗静电添加剂。抗静电添加剂是特制的辅助剂。一般只需加入千分之几或万分之几的微量，即可显著消除生产过程中的静电。磺酸盐、季铵盐等可用作塑料和化纤行业的抗静电添加剂；油酸盐、环烷酸盐可用作石油行业的抗静电添加剂；乙炔碳墨等可用作橡胶行业的抗静电添加剂等。采用抗静电添加剂时，应以不影响产品的性能为原则，还应注意防止某些添加剂的毒性和腐蚀性。

（4）静电中和器。静电中和器是借助电力和离子来完成的，按照工作原理和结构的不同，大体上可分为感应式中和器、高压中和器、放射线中和器和离子流中和器。

（5）工艺控制法。工艺控制是指从工艺上采取适当的措施限制静电的产生和积累。工艺控制的方法很多，主要有以下几种：①适当选用导电性较好的材料；②降低摩擦速度或流速；③改变注油方式（如装油时最好从底部注油或沿罐壁注入）和注油管口的形状；④装设松弛容器；⑤消除油罐或管道中混入的杂质；⑥降低爆炸性混合物的浓度。

**9. 仪表检修工作中常见危险源及预防措施各是什么？**

（1）危险源：高处作业造成坠落。

预防措施：使用合格的登高工具；系好安全腰带；专人监护。

（2）危险源：物料吸入中毒。

预防措施：戴防毒口罩；戴防护面罩；站在上风处作业。

（3）危险源：高温烫伤。

预防措施：劳保着装，袖口扎紧；高温部分用挡板隔离；温度降至室温以后再检修。

(4) 危险源：高压物料喷溅伤人。

预防措施：用泄压阀泄压；戴防护面罩；避免直接面对泄压孔。

(5) 危险源：触电。

预防措施：熟练掌握线路电气性质，判断电压高低；先停电、验电、挂牌再检修；检修部分与不停电部分用绝缘材料隔离。

**10. 检修隔爆型仪表应注意哪些问题?**

(1) 拆卸时应注意保护隔爆螺纹及隔爆平面，不得损伤及划伤，特别是隔爆平面不允许有纵向划痕。

(2) 在拆卸橡胶密封元件时，不得用尖锐器械硬撬、硬砸，不得在其密封面上有任何纵向划痕。

(3) 装配时，应按装配顺序进行，各防松件、坚固件不得漏装。锈蚀及损坏的元件应及时更换。

(4) 老化、损伤及不起密封作用的橡胶密封元件要及时更换。

(5) 仪表定期检修后，需经确认防爆性能已得到复原后，方可重新投入使用。

**11. 在爆炸危险场所进行仪表维修时应注意哪些问题?**

应经常进行检查维护，检查时，应察看仪表外观、环境（温度、湿度、粉尘、腐蚀）、温升、振动、安装是否牢固等情况。

对隔爆型仪表，在通电时进行维修切不可打开接线盒和观察窗，需开盖维修时，必须先切断电源，绝不允许带电开盖维修。

维修时不得产生冲击火花，所使用的测试仪表应为经过鉴定的隔爆型或本安型仪表，以避免测试仪表引起诱发性火花或把过高电压引向不适当部位。

**12. 在爆炸危险场所安装仪表时有哪些要求？**

必须具有经国家鉴定的“防爆合格证”和“出厂合格证”，安装前应检查其规格、型号必须符合设计要求。

在爆炸危险场所可设置正压通风防爆的仪表箱，内装非防爆型仪表及其他电气设备，仪表箱的通风管必须保持畅通，在送电以前，应通入箱体积五倍以上的气体进行置换。

爆炸危险场所1区的仪表配线，必须保证在万一发生接地、短路、断线等事故时，也不致形成点火源，因而，电缆、电线必须穿管敷设，采用耐压防爆的金属管，穿线保护管之间以及保护管与接线盒、分线箱、拉线盒之间，均应采用圆柱管螺纹连接，螺纹有效啮合部分应在5~6扣以上。需挠性连接时应采用防爆挠性连接管。

在2区内的仪表配线，一般也应穿管，但只是为了保护电缆、电线的绝缘层不受外伤。

汇线槽、电缆沟、保护管穿过不同等级的爆炸危险场所分界线时，应采取密封措施，以防止爆炸性气体从一个危险场所串入另一个危险场所。

保护管与现场仪表、检测元件、电气设备、仪表箱、分线箱、接线盒、拉线盒等连接时，应在连接处0.45m以内安装隔爆密封管件，对2in以上的保护管每隔15m应设置一个密封管件。

**13. 什么是仪表的防爆？仪表引起爆炸的主要原因是什么？**

仪表的防爆是指仪表在含有爆炸危险物质的生产现场使用时，防止由于仪表的原因（如火花、温升）而引起的爆炸。

仪表引起爆炸的原因主要是由于火花。例如，继电器的接点在吸合或断开时会产生火花，在异常情况下，仪表变压器温升过高，局部发热，引起其他元件短路或开路也产生火花，当这些火花产生的同时，现场含有爆炸物质达到爆炸界限时就会引起爆炸。因此，凡防爆现场应采用防爆仪表，应有良好的接地和接零措施。

**14. 防爆电气设备的标志是如何构成的？**

防爆电气设备的标志应包含：制造商的名称或注册商标、制造商规定的型号标识、产品编号或批号、颁发防爆合格证的检验机构名称或代码、防爆合格证号、Ex 标志、防爆结构型式符号、类别符号、表示温度组别的符号（对于Ⅱ类电气设备）或最高表面温度及单位℃，前面加符号 T（对于Ⅲ类电气设备）、设备的保护等级（EPL）、防护等级（仅对于Ⅲ类，例如 IP54）。

表示 Ex 标志、防爆结构类型符号、类别符号、温度组别或最高表面温度、保护等级、防护等级的示例：Exd Ⅱ BT3Gb 表示该设备为隔爆型（d），保护等级为 Gb，用于Ⅱ B 类 T3 组爆炸性气体环境的防爆电气设备。

**15. 如何使用手提式干粉灭火器？**

（1）迅速提灭火器至着火点的上风口。

（2）将灭火器上下颠倒几次，使干粉预先松动。

（3）除去铅封，拔下保险销。

（4）站在火源的上风向，一只手握住喷嘴，另一只手紧握压把，用力下压，干粉即从喷嘴喷出。

（5）喷射时，将喷嘴对准火焰根部，左右摆动，由近及远，快速推进，不留残火，以防复燃。

**16. 触电事故有哪些种类？**

（1）按照触电事故的构成方式，触电事故可分为电击和电伤。电击是电流对人体内部组织的伤害，是最危险的一种伤害，绝大多数的死亡事故都是由电击造成的；电伤是由电流的热效应、化学效应、机械效应等对人体造成的伤害。

（2）按照人体触及带电体的方式和电流流过人体的途径，电击可分为单相触电、两相触电和跨步电压触电。

**17. 触电急救中脱离电源的方法是什么？**

对于低压触电事故，可采用下列方法使触电者脱离电源。

（1）如果触电地点附近有电源开关或电源插销，可立即拉开开关或拔出插销，断开电源。但应注意到拉线开关和平开关只能控制一根线，有可能切断零线而没有断开电源。

（2）如果触电地点附近没有电源开关或电源插销，用有绝缘柄的电工钳或有干燥木柄的斧头切断电线，断开电源，或用干木板等绝缘物插到触电者身下，以隔断电流。

（3）当电线搭落在触电者身上或被压在身下时，可用干燥的衣服、手套（1副）、绳索、木板、木棒等绝缘物作为工具，拉开触电者或拉开电线，使触电者脱离电源。

（4）如果触电者的衣服是干燥的，又没有紧缠在身上，可以用一只手抓住他的衣服，拉离电源。但因触电者的身体是带电的，其鞋的绝缘也可能遭到破坏。救护人不得接触触电者的皮肤，也不能抓他的鞋。

对于高压触电事故，可采用下列方法使触电者脱离电源。

（1）立即通知有关部门断电。

（2）带上绝缘手套（1副），穿上绝缘靴，用相应电压等级的绝缘工具按顺序拉开开关。

（3）抛掷裸金属线使线路短路接地，迫使保护装置动作，断开电源。

（4）注意抛掷金属线之前，先将金属线的一端可靠接地，然后抛掷另一端；注意抛掷的一端不可触及触电者和其他人。

**18. 发生触电事故后怎样对症急救？**

当触电者脱离电源后，应根据触电者具体情况，迅速对症救护。现场应用的主要救护方法是人工呼吸和胸外心脏按压法。

对于需要救治的触电者，大体按以下三种情况分别处理：

（1）如果触电者伤势不重，神志清醒，但有些心慌、四肢发麻、全身无力，或者触电者在触电过程中曾一度昏迷，但已经清醒过来，应使触电者安静休息，不要走动。严密观察并请医生前来诊治或送往医院。

（2）如果触电者伤势重，已失去知觉，但还有心脏跳动和呼吸，应使触电者舒适、安静地平卧，周围不围人，使空气流通，解开他的衣服以利呼吸。如天气寒冷，要注意保温，并速请医生诊治或送往医院。如果发现触电者呼吸困难、微弱，或发生痉挛，应随时准备好当心脏跳动停止或呼吸停止时立即做进一步的抢救。

（3）如果触电者伤势严重，呼吸停止或心脏跳动停止或二者都已停止，应立即施行人工呼吸和胸外心脏按压，并速请医生诊治或送往医院。应当注意，急救要尽快进行，不能等候医生的到来。在送往医院的途中，也不能中止急救。如果现场仅一个人抢救，则口对口人工呼吸和胸外心脏按压应交替进行，每次吹气 2~3 次，再挤压 10~15 次，而且吹气和挤压的速度都应比双人操作的速度提高一些，以不降低抢救效果。

**19. 电流对人体的作用有哪些？**

电流对人体的作用指的是电流通过人体内部对于人体的有害作用，如电流通过人体时会引起针刺感、压迫感、打击感、痉挛、疼痛乃至血压升高、昏迷、心律不齐、心室颤动等症状。电流通过人体内部，对人体伤害的严重程度与通过人体电流的大小、持续时间、途径、种类及人体的状况等多种因素有关，特别是和电流大小与通电时间有着十分密切的关系。

（1）电流大小：通过人体的电流大小不同，引起人体的生理反应也不同。对于工频电流，按照通过人体的电流大小和人体呈现的不同反应，可将电流划分为感知电流、摆脱电流和致命电流。

①感知电流：引起人的感觉的最小电流。人对电流最初的感觉是轻微麻抖和轻微刺痛。经验表明，一般成年男性为 1. 1mA 直流电流，成年女性约为 0. 7mA 直流电流。

②摆脱电流：人体触电以后能够自己摆脱的最大电流。成年男性的平均摆脱电流为 16mA 直流电流，成年女性约为 10. 5mA 直流电流，儿童的摆脱电流比成年人要小。应当指出，摆脱电流的能力是随着触电时间的延长而减弱的。这就是说，一旦触电后不能摆脱电源时，后果将是比较严重的。

③致命电流：是指在较短的时间内危及人的生命的最小电流。电击致死是电流引起心室颤动造成的，故引起心室颤动的电流就是致命电流。100mA 直流电流为致命电流。

（2）电流持续时间：电流通过人体的持续时间越长，造成电击伤害的危险程度就越大。人的心脏每收缩、扩张一次约有 0. 1s 的间隙，这 0. 1s 的间隙期对电流特别敏感，通电时间越长，则必然与心脏最敏感的间隙重合而引起电击；

通电时间越长，人体电阻因紧张出汗等因素而降低电阻，导致通过人体的电流进一步增加，可引起电击。

（3）电流通过人体的途径：电流通过心脏会引起心室颤动或使心脏停止跳动，造成血液循环中断，导致死亡；电流通过中枢神经或有关部位均可导致死亡；电流通过脊髓，会使人截瘫；一般从手到脚的途径最危险，其次是从手到手，从脚到脚的途径虽然伤害程度较轻，但在摔倒后，能够造成电流通过全身的严重情况。

（4）电流种类：直流电、高频电流对人体都有伤害作用，但其伤害程度一般较25~300Hz的交流电轻。

高频电流的电流频率不同，对人体的伤害程度也不同。通常采用的工频电流，对于设计电气设备比较经济合理，但从安全角度看，这种电流对人体最为危险。随着频率偏离这个范围，电流对人体的伤害作用减小，如频率在1000Hz以上，伤害程度明显减轻。但应指出，高压、高频电也有电击致命的危险。例如，10000Hz高频交流电感知电流，男性约为12mA；女性约为8mA；平均摆脱电流，男性约为75mA；女性约为50mA；可能引起心室颤动的电流，通电时间0.03s时约为1100mA；3s时约为500mA。

（5）电压：在人体电阻一定时，作用于人体的电压越高，则通过人体的电流就越大，电击的危险性就增加。人触及不会引起生命危险的电压称为安全电压，我国规定安全电压一般为36V，在潮湿及罐塔设备容器内的安全电压为12V。

（6）人体状况：人体的健康状况和精神状态是否正常，对于触电伤害的程度是不同的。患有心脏病、结核病、精神病、内分泌器官疾病及酒醉的人，触电引起的伤害程度更加严重。

在带电体电压一定的情况下，触电时人体电阻越大，通过人体的电流就越小，危险程度也越小，反之，危险程度增加。在正常情况下，人体的电阻为10~100kΩ，人体的电阻不是一个固定值，如皮肤角质有损伤，皮肤处于潮湿或带有导电性粉尘时，人体的电阻就会下降到1kΩ以下（人体体内电阻约为500Ω），人体触及带电体的面积越大，接触越紧密，则电阻越小，危险程度也增加。

**20. 天然气燃烧的条件是什么？**

天然气燃烧并不是任何情况下都会发生的，必须同时具备三个条件，缺一不可。

（1）可燃物；（2）助燃物；（3）达到着火温度。也就是说，天然气（可燃物）、空气（助燃物）只有按一定比例混合并达到天然气的着火温度，才能燃烧。

**21. 常用的灭火方法主要有哪几种？**

常用的灭火方法主要有冷却法、隔离法、窒息法和化学抑制法四种。

（1）冷却法。

冷却灭火法的原理是将灭火剂直接喷射到燃烧的物体上，以降低燃烧的温度于燃点之下，使燃烧停止，或将灭火剂喷洒在火源附近的物质上，使其不因火焰热辐射作用而形成新的火点。

（2）隔离法。

隔离灭火法是将正在燃烧的物质和周围未燃烧的可燃物质隔离或移开，中断可燃物质的供给，使燃烧因缺少可燃物而停止。

（3）窒息法。

窒息灭火法是阻止空气流入燃烧区或用不燃烧区或用不

燃物质冲淡空气，使燃烧物得不到足够的氧气而熄灭的灭火方法。

（4）化学抑制法。

化学抑制法是使灭火剂参与到燃烧反应过程中去，使燃烧过程产生的游离基消失，形成稳定分子或活性的游离基，从而使燃烧化学反应中断的灭火方法。

**22. 燃烧现象根据其特点可分为几种类型？**

燃烧现象可分为闪燃、自燃、点燃。

**23. 用电话报火警有哪些要求？**

用电话报火警要讲清楚起火单位、村镇名称和所处区县、街巷、门牌号码；要讲清楚是什么东西着火、火势大小、是否有人被围困、有无爆炸危险品等情况；要讲清楚报警人的姓名、单位和所用的电话号码，并注意倾听消防队询问情况，准确、简洁的给予回答，待对方明确说明时可以挂断电话。报警后立即派人到单位门口或街道交叉路口迎候消防车，并带领消防车迅速赶到火场。

**24. 线路超过负荷的原因是什么？**

（1）在设计配电线路时，导线截面选择的过小。

（2）使用单位在线路中接入过多或功率过大的用电设备，超过了线路负荷的能力。

**25. 我国常见的绝缘导线有几种？其线芯允许最高温度各为多少？**

我国常见的绝缘导线有两种。一种是橡胶绝缘导线；另一种是塑料绝缘导线。橡胶绝缘导线最高允许温度为65℃；塑料绝缘导线最高允许温度为7℃。

**26. 仪表工工作时应做到“三懂四会”，都包括哪些内容？**

三懂：仪表原理、仪表及设备构造、工艺流程。

四会：会操作、会维护保养、会排出故障、会正确使用防护材料。

**27. 事故发生后“四不放过”处理原则具体指什么？**

“四不放过”原则是指事故原因未查清不放过、责任人员未处理不放过、整改措施未落实不放过、有关人员未受到教育不放过。

**28. 哪些场所应使用防爆工具？**

易燃易爆场合必须使用防爆工具。防爆工具的使用场合为：石油、石化、煤矿、电力、军工等易燃易爆场合。钎、镐、锤、钳、防爆扳手、吊具等由钢铁材料制成的工具，与设备在激烈动作或失手跌落时发生的摩擦、撞击而产生火花，当火花达到一定的点火源，就会产生火灾和爆炸事故，因此在危险环境中安装设备需要使用不发生摩擦及撞击火花，甚至不产生炽热高温表面，由特殊材料制成的专用防爆工具。

**29. 高处作业“三宝”指的是什么？**

高处作业“三宝”是指安全帽、安全带（绳）、安全网。

**30. 高处作业级别是如何划分的？**

高处作业原则上分为三级：

（1）作业高度在30m及以上时，称为一级高处作业。

（2）作业高度在5~30m（含5m），称为二级高处作业。

（3）作业高度在2~5m（含2m），称为三级高处作业。

**31. 什么是仪表管理“五个做到”？**

仪表管理“五个做到”是指做到测量准确、控制灵敏、安全可靠、记录完整、卫生清洁。

**32. 什么是仪表维护的“四定”?**

仪表维护的“四定”是指定期吹扫、定期润滑、定期调校、定期维护保养。

**33. 在爆炸危险场所进行仪表维修时应注意哪些问题?**

(1) 应经常进行检查维护，检查时，应察看仪表外观、环境（温度、湿度、粉尘、腐蚀）、温升、振动、安装是否牢固等情况。

(2) 对隔爆型仪表，在通电进行维修时不可打开接线盒和观察窗，需开盖维修时必须先切断电源，绝不允许带电开盖维修。

(3) 维修时绝不允许产生冲击火花，所使用的测试仪表应为经过鉴定的隔爆型或本安型仪表，以避免测试仪表引起诱发性火花或把过高的电压引向不适当的地方。

**34. 在有毒介质设备上如何进行仪表检修?**

在有毒介质设备上进行仪表检修之前，先要了解有毒介质的化学成分和操作条件，准备好个人防护用品。还要由工艺负责人签发仪表检修作业证，派人监护，确认泄压以后才能检修。拆卸一次仪表时，操作人员不能正对仪表接口，要站在上风侧。一次仪表拆下之后要在设备管口上加堵头或盲板。拆下仪表插入部件应在室外清洁干净后才能拿回室内维修。

**35. 中国石油天然气集团公司 HSE 管理九项原则的内容是什么?**

(1) 任何决策必须优先考虑健康安全环境。

(2) 安全是聘用的必要条件。

(3) 企业必须对员工进行健康安全环境培训。

(4) 各级管理者对业务范围内的健康安全环境工作负责。

（5）各级管理者必须亲自参加健康安全环境审核。

（6）员工必须参与岗位危害识别及风险控制。

（7）事故隐患必须及时整改。

（8）所有事故事件必须及时报告、分析和处理。

（9）承包商管理执行统一的健康安全环境标准。

**36. 中国石油天然气集团公司反违章六条禁令的内容是什么？**

（1）严禁特种作业无有效操作证人员上岗操作。

（2）严禁违反操作规程操作。

（3）严禁无票证从事危险作业。

（4）严禁脱岗、睡岗和酒后上岗。

（5）严禁违反规定运输民爆物品、放射源和危险化学品。

（6）严禁违章指挥、强令他人违章作业。

员工违反上述禁令，给予行政处分；造成事故的，解除劳动合同。

**37. 中国石油天然气集团公司安全生产方针是什么？**

安全第一，预防为主。

**38. 女职工特殊保护有哪些一般规定？**

为维护女职工的合法权益，减少和解决女职工在生产劳动中因生理特点造成的特殊困难，保护女职工身体健康，国家颁布的《劳动法》和1988年国务院颁布的《女职工劳动保护规定》以及1990年原劳动部颁发的《女职工禁忌看劳动范围的规定》对女职工特殊保护做了具体的规定：

（1）凡适合妇女从事劳动的单位，不得拒绝招收女职工。

（2）不得在女职工怀孕期、产期、哺乳期降低其基本工资或者解除劳动合同。

(3) 所有女职工禁忌从事劳动的范围：矿山井下作业；森林业伐木、归楞及流放作业；《体力劳动强度分级》标准中第Ⅳ级体力劳动强度的作业；建筑业脚手架的组装和拆除作业；电力、电信行业的高处架线作业；连续负重（指每小时负重次数在6次以上）每次负重超过20kg，间断负重每次负重超过25kg的作业。

**39. 怎样从爆炸极限的数值来判断可燃气体（蒸气、粉尘）燃爆危险性的大小？**

一般来说，可燃气体（蒸气、粉尘）的爆炸下限数值越低，爆炸极限范围越大，则它的燃爆危险性越大。如氢气的爆炸极限是4.0%~75.6%，氨气的爆炸极限是15.0%~28.0%，可以看出，氢气的燃爆危险性比氨气要大。

为了更加科学地进行分析比较，又提出了爆炸危险度这个指标，它综合考虑了爆炸下限和爆炸范围两个方面：

爆炸危险度=(爆炸上限浓度-爆炸下限浓度)/爆炸下限浓度。

可燃气体爆炸危险度越大，则其燃爆危险性越大。

**40. 爆炸的主要破坏作用是什么？**

(1) 冲击波。

爆炸形成的高温、高压、高能量密度的气体产物，以极高的速度向周围膨胀，强烈压缩周围的静止空气，使其压力、密度和温度突跃升高，像活塞运动一样推向前进，产生波状气压向四周扩散冲击。这种冲击波能造成附近建筑物的破坏，其破坏程度与冲击波能量的大小有关，与建筑物的坚固程度及其与产生冲击波的中心距离有关。

(2) 碎片冲击。

爆炸的机械破坏效应会使容器、设备、装置以及建筑材

料等的碎片在相当大的范围内飞散而造成伤害，碎片的四处飞散距离一般可达数十米到数百米。

(3) 震荡作用。

爆炸发生时，特别是较猛烈的爆炸往往会引起短暂的地震波。例如，某市的亚麻发生尘爆炸时，有连续三次爆炸，结果在该市地震局的地震检测仪上，记录了在7s之内的曲线上出现有三次高峰。在爆炸波及的范围内，这种地震波会造成建筑物的震荡、开裂、松散倒塌等危害。

(4) 次生事故。

发生爆炸时，如果车间、库房（如制氢车间、汽油库或其他建筑物）里存放有可燃物，会造成火灾；高处作业人员受冲击波或震荡作用，会造成高处坠落事故；粉尘作业场所轻微的爆炸冲击波会使积存在地面上的粉尘扬起，造成更大范围的二次爆炸等。

**41. 常见工业爆炸事故有哪几种类型?**

按照爆炸反应相的不同，爆炸可分为三类：气相爆炸、液相爆炸和固相爆炸。

(1) 气相爆炸。

气相爆炸包括可燃性气体和助燃性气体混合物的爆炸；气体的分解爆炸；液体被喷成雾状物在剧烈燃烧时引起的爆炸（喷雾爆炸）；飞扬悬浮于空气中的可燃粉尘引起的爆炸等。

(2) 液相爆炸。

液相爆炸包括聚合爆炸、蒸发爆炸以及由不同液体混合所引起的爆炸。例如，硝酸和油脂，液氧和煤粉等混合时引起的爆炸；熔融的矿渣与水接触或钢水包与水接触时，由于过热发生快速蒸发引起的蒸汽爆炸等。

(3) 固相爆炸。

固相爆炸包括爆炸性化合物及其他爆炸性物质的爆炸(如乙炔铜的爆炸)；导线因电流过载，由于过热，金属迅速气化而引起的爆炸等。

**42. 防火防爆的基本原理和思路是什么?**

引发火灾的三个条件是：可燃物、氧化剂和点火源同时存在，相互作用。引发爆炸的条件是：爆炸品（内含还原剂和氧化剂）或可燃物（可燃物、蒸气或粉尘）与空气混合物和起爆能源同时存在、相互作用。如果我们采取措施避免或消除上述条件之一，就可以防止火灾或爆炸事故的发生，这就是防火防爆的基本原理。

在制定防火防爆措施时，可以从以下四个方面去考虑：

(1) 预防性措施。

(2) 限制性措施。

(3) 消防措施。

(4) 疏散性措施。

**43. 在生产系统发生火灾爆炸事故时应采取哪些应急措施?**

(1) 紧急切断物料，放空设备或倒换到安全地点。

(2) 临时修筑防溢堤或挖沟使液流导向安全地带。

(3) 启用消防灭火设备或洒水降温。

(4) 清除障碍物，留出足够的安全距离。

(5) 迅速报警，成立临时防灾组织。

(6) 抢救伤亡人员。

**44. 绝缘在哪些情况下会遭到破坏?**

绝缘物在强电场的作用下遭到急剧的破坏，丧失绝缘性能，这就是击穿现象，这种击穿称为电击穿，击穿时的电压称为击穿电压；击穿时的电场强度称为材料的击穿电场强

度，或击穿强度。

气体绝缘击穿是气体雪崩式电离的表现，气体绝缘击穿后能自己恢复绝缘性能。液体击穿一般是沿电极间气泡、固体杂质等连成“小桥”的击穿，多次液体击穿可能导致液体失去绝缘性能。固体绝缘还有热击穿和电化学击穿的现象，热击穿时绝缘物在外加电压的作用下，由于泄漏电流引起温度过分升高所导致的击穿；电化学击穿是由于游离、化学反应等因素的综合作用所导致的击穿。热击穿和电化学击穿的击穿电压都比较低，但电压作用时间都比较长。固体绝缘击穿后不能恢复绝缘性能。

绝缘物除因击穿而破坏外，腐蚀性气体、蒸气、潮气、粉尘、机械损伤也都会降低绝缘性能或导致破坏。

在正常工作的情况下，绝缘物也会逐渐老化而失去绝缘性能及应有的弹性。一般绝缘材料可正常使用 20 年。

**45. 带电灭火应注意哪些安全问题？**

为了争取灭火时间，防止火灾扩大，来不及断电；或因需要或其他原因不能断电，则需要带电灭火。带电灭火应注意以下几点：

（1）应按灭火剂的种类选择适当的灭火剂。二氧化碳、四氯化碳、二氟一氯一溴甲烷（即 1211）、二氟二溴甲烷或干粉灭火剂都是不导电的，可用于带电灭火。泡沫灭火剂（水溶液）有一定的导电性，而且对电气设备的绝缘有影响，不宜用于带电灭火。

（2）用水枪灭火时宜采用喷雾水枪，这种水枪通过水柱的泄漏电流较小，带电灭火比较安全；用普通直流水枪灭火时，为防止通过水柱的泄漏电流通过人体，可以将水枪喷嘴接地；也可以让灭火人员穿戴绝缘手套（1 副）和绝缘靴或穿均压服操作。

(3) 人体与带电体之间要保持必要的安全距离。用水灭火时，水枪喷嘴至带电体的距离：电压 110kV 及以下者不应小于 3m，220kV 及以上者不应小于 5m。用二氧化碳等不导电的灭火剂时，机体、喷嘴至带电体的最小距离：10kV 者不应小于 0.4m，36kV 者不应小于 0.6m。

(4) 对架空线路等空中设备进行灭火时，人体位置与带电体之间的仰角不应超过 45°，以防导线断落危及灭火人员的安全。

(5) 如遇带电导线跌落地面，要划出一定的警戒区，防止跨步电压伤人。

**46. 防止静电产生有哪几种措施?**

(1) 控制流速。

流体在管道中的流速必须加以控制，例如，易燃液体在管道中的流速不宜超过 4~5m/s，可燃气体在管道中的流速不宜超过 6~8m/s。

(2) 保持良好接地。

接地是消除静电危害最为常用的方法之一。为消除各部件的电位差，可采用等电位措施。

(3) 采用静电消散技术。

(4) 人体静电防护。

**47. 静电有哪些危害?**

静电的危害主要有:

(1) 因静电放电产生火花引起火灾或爆炸。

(2) 静电放电时对人体造成电击。

(3) 静电为生产增加困难或使产品质量降低。

**48. 为什么短路会引起火灾？**

发生短路时，线路中的电流增加为正常时的几倍甚至几十倍，而产生的热量又与电流的平方成正比，使得温度急剧上升，大大超过允许范围。如果温度达到可燃物的引燃温度，即引起燃烧，从而导致火灾。当电气设备的绝缘老化变质或受到高温、潮湿或腐蚀的作用而失去绝缘能力，即可能引起短路事故。绝缘导线直接缠绕、勾挂在铁钉或铁丝上时，由于设备安全不当或工作疏忽，可能使电气设备的绝缘受到机械损伤而形成短路。由于雷击等过电压的作用，电气设备的绝缘可能遭到击穿而形成短路。由于所选用设备的额定电压太低，不能满足工作电压的要求，可能击穿而短路。由于维护不及时，导电粉尘或纤维进入电气设备，也可能引起短路事故。由于管理不严，小动物或生长的植物也可能引起短路事故。在安装和检修工作中，由于接线和操作错误也可能造成短路事故。此外，雷电放电电流极大，有类似短路电流且比短路电流更强的热效应，可能引起火灾。

**49. 噪声对人体有何危害？**

噪声对人体的危害是多方面的，主要表现在：损害听觉、引起各种病症、影响交谈和思考、影响睡眠、引起事故。

**50. 噪声危害的影响因素有哪些？**

噪声的影响因素主要有：

（1）噪声的强度和频率组成。噪声的强度越大对人体的危害越大。噪声在 80dB（A）以下，对听力的损害甚小，在 90dB（A）以上，对听力损害的发生率逐渐升高，而 140dB（A）的噪声，在短期内即可造成永久性听力丧失。噪声的频率对于噪声危害程度的影响很大，高频噪声较低频噪声的危害更大。

(2) 噪声工龄和每个工作日的接触时间。工龄加长，职业性耳聋的发生概率越大；噪声强度越大，出现听力损失的时间越短。噪声强度虽不是很大，但作用时间极长时，也可能引起听力损失。

(3) 噪声的性质。强度和频率经常变化的噪声，比稳定噪声的危害更大。脉冲噪声、噪声与振动同时存在等情况，对听力损害更大。

(4) 个人防护与个体感受。佩戴个人防声用具可以减缓噪声对听力的损害；个体对噪声的感觉，影响听力损失的程度和发病概率。

**51. 预防噪声危害的措施有哪些？**

采用一定的措施可以降低噪声的强度和减少噪声危害。这些措施主要有：

(1) 消声。

控制和消除噪声源是控制和消除噪声的根本措施，改革工艺过程和生产设备，以低声或无声工艺或设备代替产生强噪声的工艺和设备，将噪声源远离工人作业区和居民区，均是噪声控制的有效手段。

(2) 控制噪声的传播。

隔声：用吸声材料、吸声结构和吸声装置将噪声源封闭，防止噪声传播。常用的有隔声墙、隔声罩、隔声地板、门窗等。

消声：用吸声材料铺装室内墙壁或悬挂于室内空间，可以吸收辐射和反射的声能，降低传播中噪声的强度水平。常用吸声材料有玻璃棉、矿渣棉、毛毡、泡沫塑料、棉絮等。

合理规划厂区、厂房。在产生强烈噪声的作业场所周围，应设置良好的绿化防护带，车间墙壁、顶面、地面等应

设吸声材料。

（3）采用合理地防护措施。

合理使用耳塞。防止耳塞、耳罩具有一定的防声效果。根据耳道大小选择合适的耳塞，隔声效果可达 30~40dB，对高频噪声的阻隔效果更好。

合理安排劳动制度。工作日中穿插休息时间，休息时间离开噪声环境，限制噪声作业的工作时间，可减轻噪声对人体的危害。

（4）卫生保健措施。

接触噪声的人员应进行定期体检。

**52. 防护用品主要分为哪几种？**

（1）头部防护用品，如防护帽、安全帽、防寒帽、防昆虫帽等。

（2）呼吸器官防护用品，如防尘口罩（面罩）、防毒口罩（面罩）等。

（3）眼面部防护用品，如焊接护目镜、炉窑护目镜、防冲击护目镜等。

（4）手部防护用品，如一般防护手套、各种特殊防护（防水、防寒、防高温、防振）手套、绝缘手套等。

（5）足部防护用品，如防尘、防水、防油、防滑、防高温、防酸碱、防振鞋及电绝缘鞋等。

（6）躯干防护用品，通常称为防护服，如一般防护服、防水服、防寒服、防油服、防电磁辐射服、隔热服、防酸碱服等。

（7）护肤用品，用于防毒、防腐、防酸碱、防射线等的相应保护剂。

# 第三部分 基本技能

## 一、操作技能

**1. 正确使用电烙铁焊接元件**

准备工作：

（1）正确穿戴劳动保护用品。

（2）工用具、材料准备：电烙铁1把，助焊剂若干，焊锡若干，电子元件。

操作程序：

（1）根据电子元件引脚粗细选择不同规格的烙铁，插上电源使烙铁预热5~10min。

（2）将电子元件焊接位置除掉污物。

（3）待烙铁头温度达到200℃左右时，先用烙铁头在助焊剂盒内擦拭，并用焊丝在烙铁头上涂抹，使其叼住焊锡。

（4）关掉电源，进行焊接。

操作安全提示：

（1）烙铁应轻拿轻放，不得敲击。

（2）勿焊接带电线路，可能会导致触电或短路。

**2. 使用剥线钳剥导线**

准备工作：

（1）正确穿戴劳动保护用品。

（2）工用具、材料准备：剥线钳 1 把，导线若干。

操作程序：

（1）拇指与虎口握住一个钳柄，小指与另三个手指卡住另一个钳柄，使钳嘴自由张开、闭合。

（2）一只手握住钳柄，另一只手将带绝缘层的导线插入相应直径的剥线口中，卡好尺寸。

（3）对剥线钳加力，即可把插入部分的绝缘层切断自动去掉，并不损伤导线。

操作安全提示：

（1）使用前应检查导线绝缘，以免损伤后使用时触电或发生意外。

（2）使用时应量好剥切尺寸，插入的剥线口应与导线的直径相对应。

**3. 使用螺丝刀松、紧螺钉**

准备工作：

（1）正确穿戴劳动保护用品。

（2）工用具、材料准备：防爆一字螺丝刀 1 把，防爆十字螺丝刀 1 把。

操作程序：

（1）选择与螺丝钉顶槽大小规格相对应的螺丝刀。

（2）用手握紧螺丝刀手柄，插入螺丝钉顶槽并与螺丝钉成一条垂线，用力顶住螺丝钉，顺时针转动手柄即旋紧，逆时针转动即旋松。

操作安全提示：

（1）避免带电作业。

（2）禁止将螺丝刀当撬棍使用。

**4. 使用电工刀剖削导线绝缘层**

准备工作：

（1）正确穿戴劳动保护用品。

（2）工用具、材料准备：电工刀1把，绝缘导线若干。

操作程序：

（1）用电工刀剖削导线绝缘层时，刀以45°切入，接着以25°用力向线端推削，削去绝缘层。

（2）对双芯护套线外绝缘层的剥削，可以用刀刃对准两芯线的中间部位，把导线一剖为二。

操作安全提示：

（1）禁止使用电工刀剖削带电导线。

（2）切忌把刀刃垂直对着导线切割绝缘层，因为这样容易割伤导线线芯。

**5. 使用防爆活动扳手松紧螺母**

准备工作：

（1）正确穿戴劳动保护用品。

（2）工用具、材料准备：300mm防爆活动扳手1把。

操作程序：

（1）调节防爆活动扳手的涡轮，使扳口适合螺母规格。

（2）顺时针转动手柄即旋紧，逆时针转动手柄即旋松。

（3）对反扣的螺母要按（2）中相反方向转动。

（4）小螺母握点向前，大螺母握点向后。

操作安全提示：

（1）使用过程中不能用力过猛，防止扳手滑脱。

（2）任何时候不得将防爆扳手当手锤使用。

**6. 使用数字万用表测量交直流电压**

准备工作：

（1）正确穿戴劳动保护用品。

（2）工用具、材料准备：数字万用表1块，电源箱1台。

操作程序：

（1）将黑表笔插入COM插孔，红表笔插入V/Ω插孔。

（2）将功能选择开关置于DCV（直流）或ACV（交流）的适当量程挡（若事先不知道被测电压的范围，应从最高量程挡开始逐步减至适当量程挡），并将测试表笔连接到待测电源（测开路电压）或负载上（测负载电压降），保持接触稳定。数值可以直接从显示屏上读取，并确认单位（若显示器只显示“1”，表示超量程，应使功能选择开关置于更高量程挡）。

（3）测直流时，若在数值左边出现“-”，则表明表笔极性与实际电源极性相反，此时红表笔接的是负极。

（4）测量笔插孔旁的△表示直流电压不要高于1000V，交流电压不高于700V。

操作安全提示：

（1）手握表笔的金属杆或表笔绝缘破损处会导致触电。

（2）万用表挡位不正确可能会导致万用表损坏。

**7. 使用数字万用表测量交直流电流**

准备工作：

（1）正确穿戴劳动保护用品。

（2）工用具、材料准备：数字万用表1块，变送器1台，电源箱1台，防爆一字螺丝刀1把。

操作程序：

（1）将黑表笔插入COM插孔，当被测电流不大于

200mA 时，红表笔插入 A 孔；被测电流在 200mA~10A 之间时，将红表笔插入 10A 插孔。

（2）将功能选择开关置于 DCA（直流）或 ACA（交流）的适当量程挡，测试笔串入被测电路，显示屏在显示电流大小的同时还显示红表笔端的极性。

（3）测直流时，若在数值左边出现“-”，则表明表笔极性与实际电源极性相反，此时红表笔接的是负极。

操作安全提示：

（1）绝缘不良或裸线严禁使用数字万用表。

（2）不允许万用表超量程使用。

（3）防护措施不到位、操作不规范可能会导致触电。

**8. 使用数字万用表测量电阻**

准备工作：

（1）正确穿戴劳动保护用品。

（2）工用具、材料准备：数字万用表 1 块，电阻 1 个。

操作程序：

（1）将黑表笔插入 COM 插孔，红表笔插入 V/Ω 插孔。

（2）把挡位旋钮调到“Ω”中所需的量程，用表笔接在电阻两端金属部位。

（3）保持表笔和电阻接触良好的同时，开始从显示屏上读取测量数据。

操作安全提示：

（1）不能带电测量电阻。

（2）测电阻时不能用手触及电阻裸露两端，以免测量结果不准确。

**9. 仪表工日常巡回检查**

准备工作：

(1) 正确穿戴劳动保护用品。

(2) 工用具、材料准备：数字万用表1块，防爆一字螺丝刀1把，防爆活动扳手1把，擦布若干，记录本1本，笔1支。

操作程序：

(1) 查看仪表指示是否正常，现场一次仪表（变送器）指示和控制室显示仪表、控制仪表或DCS指示值是否一致，调节器输出指示和调节阀阀位是否一致。

(2) 查看仪表电源电压（如24V电源是否在规定范围内）、气源压力是否达到额定值。

(3) 冬季检查仪表伴热、保温状况。

(4) 检查仪表本体和连接件损坏与腐蚀情况。

(5) 检查仪表和工艺接口的泄漏情况。

(6) 检查仪表防爆情况。

(7) 检查仪表接地情况。

操作安全提示：

按照巡回检查内容操作，发现问题及时处理。

**10. 玻璃管温度计水银断节的修复**

准备工作：

(1) 正确穿戴劳动保护用品。

(2) 工用具、材料准备：恒温油（水）浴1台，冰点槽1台，专用离心机1台，有弹性的软垫1个，手套1副。

操作程序：

(1) 加热法：将温度计置于热源中加热，使下泡水银与断节水银连接起来，然后在室温下冷却。

(2) 冷却法：将温度计放入冰水混合物或干冰里，使水银柱面缩到零点位置和下泡上部，这样可将气泡赶到水银弯月面的上面。

(3) 重力法：需先将桌面垫一层有弹性的软物质，手握温度计下泡，垂直向弹性物轻微冲击或振动，就会使断节水银与下泡水银连接起来。

(4) 离心法：将水银断节的温度计放在专用离心机内，由于离心作用，将使断节水银与下泡水银主体连接起来。

(5) 回收工具，清理现场。

操作安全提示：

(1) 使用每台调校设备时，应按照其操作规程安全操作。

(2) 加热时防止烫伤。

**11. 更换双金属温度计**

准备工作：

(1) 正确穿戴劳动保护用品，配备应急物品。

(2) 工用具、材料准备：双金属温度计1支，300mm管钳或F型扳手1把，300mm活动扳手1把，温度计垫圈若干，生料带1卷，25mm毛刷1把，润滑脂若干，验漏液若干或可燃气体检测仪1个，擦布若干，笔1支，记录本1本。

操作程序：

(1) 打开旁通阀，保证向下游供气。

(2) 关闭双金属温度计上、下游阀门。

(3) 打开管路放空阀，泄净管线内压力。

(4) 卸下双金属温度计。

(5) 清除双金属温度计插孔内的污物、废垫片和生料带。

(6) 选取符合要求的双金属温度计、垫片。

(7) 将双金属温度计接头处涂上黄油、上好垫片，尾部缠上生料带。

(8) 将双金属温度计插入温度计插孔，保证刻度面朝上。

(9) 关闭放空阀。

(10) 打开双金属温度计上、下游阀门。

(11) 关闭旁通阀。

(12) 各密封点验漏。

(13) 填写记录。

(14) 回收工具，清理现场。

操作安全提示：

(1) 正确使用工具、用具。

(2) 开关阀门时做到侧身、平稳、缓慢。

(3) 防止有毒有害气体伤害。

(4) 严禁用手直接扭动表头。

**12. 热电偶的检定**

准备工作：

(1) 正确穿戴劳动保护用品。

(2) 工用具、材料准备：管式高温炉 1 台，冷端恒温器 1 台，电位差计 1 台，标准热电偶 1 支，擦布若干。

操作程序：

(1) 热电偶的检定一般在实验室中进行，采用双极法。

(2) 将标准热电偶与被检定热电偶测量端捆扎在一起插入管式高温炉内，测量端必须靠近。

(3) 冷端采用冷端恒温器。冷端温度必须一致，最好为 0℃，否则进行补偿。

(4) 检定顺序为由低温向高温逐点升温调校，必须保证炉温的温度稳定，一般不超过 0.5℃。在需要的或规定的几个检定点温度稳定后，读取冷端、标准热电偶和被检定热电偶电势。

(5) 计算被检定热电偶电势误差在允许范围内。

操作安全提示：

(1) 使用每台检定设备时，应按照其操作规程安全操作。

(2) 加热时防止烫伤。

**13. 热电偶的检修**

准备工作：

(1) 正确穿戴劳动保护用品。

(2) 工用具、材料准备：数字万用表1块，防爆一字螺丝刀1把，手套1副，擦布若干。

操作程序：

(1) 清除热电偶套管内外灰尘、油污等杂物。

(2) 检查热电偶与保护套管之间的绝缘电阻。

(3) 检查热电偶紧固件是否松动或损坏，拧紧或更换紧固件。

(4) 检查保护套管、软管及穿线管是否破损或断裂，及时修复或更换。

(5) 按国家（部门）计量检定规程对热电偶进行检定。

操作安全提示：

(1) 在检查、维护高处热电偶时要注意安全。

(2) 使用每台检定设备时，应按照其操作规程安全操作。

**14. 热电偶测温回路的维修检查**

准备工作：

(1) 正确穿戴劳动保护用品。

(2) 工用具、材料准备：数字万用表1块，防爆一字螺丝刀1把，手套1副，擦布若干。

操作程序：

(1) 检查热电偶及补偿导线有无破损，回路是否有短接、断路或接地。

(2) 检查回路接线端子接线是否牢固，有无松动和虚接。

（3）检查现场接线盒是否密封防爆。

（4）查看热电偶测温回路温度指示值是否正确。

操作安全提示：

（1）在检查、维护高处热电偶时一定要注意安全。

（2）检查回路接线时要注意避免短路。

**15. 热电阻的检定**

准备工作：

（1）正确穿戴劳动保护用品。

（2）工用具、材料准备：恒温油（水）浴 1 台，冰点槽 1 台，杜瓦瓶 1 个，标准水银温度计或标准铂电阻温度计 1 支，手套 1 副，水，液氮。

操作程序：

热电阻的检定一般在实验室中进行，采用比较法：

（1）将标准水银温度计或标准铂电阻温度计与被检热电阻一起插入恒温油（水）浴中。

（2）在需要的或规定的几个检定点温度稳定后，读取标准温度计的示值和被检热电阻所测电阻值，查热电阻分度表得到对应的温度值进行比较，其偏差不超过最大允许偏差。

（3）对于用于 0℃ 以下的热电阻检定，一般取冰点和液氮沸点两个检定点，分别在冰点槽和杜瓦瓶中进行。

操作安全提示：

（1）使用每台检定设备时，应按照其操作规程安全操作。

（2）防止烫伤、冻伤。

**16. 热电阻的检修**

准备工作：

（1）正确穿戴劳动保护用品。

（2）工用具、材料准备：数字万用表 1 块，防爆一字螺丝刀1把，手套1副，擦布若干。

操作程序：

(1) 清除保护套管、接线盒内的灰尘、杂物。

(2) 检查热电阻紧固件是否松动或损坏，拧紧或更换紧固件。

(3) 检查热电阻与保护套管之间的绝缘电阻。

(4) 检查保护套管、软管及穿线管是否破损或断裂，及时修复或更换。

(5) 按国家（部门）计量检定规程对热电阻进行检定。

(6) 回收工具，清理现场。

操作安全提示：

(1) 在检查、维护高处热电阻时一定要注意安全。

(2) 使用每台检定设备时，应按照其操作规程安全操作。

**17. 热电阻测温回路的维修检查**

准备工作：

(1) 正确穿戴劳动保护用品。

(2) 工用具、材料准备：数字万用表1块，防爆一字螺丝刀1把，手套1副，擦布若干。

操作程序：

(1) 检查热电阻及导线有无破损，回路是否有短接、断路或接地。

(2) 检查回路接线端子接线是否牢固，有无松动和虚接。

(3) 检查现场接线盒是否密封防爆。

(4) 查看热电阻测温回路温度指示值是否正确。

操作安全提示：

(1) 在检查、维护高处热电阻时要注意安全。

(2) 检查回路接线时要注意避免短路。

**18. 压缩机组热电偶的安装**

准备工作：

（1）正确穿戴劳动保护用品。

（2）工用具、材料准备：数字万用表1块，防爆一字螺丝刀1把，300mm防爆活动扳手1把，手套1副，擦布若干。

操作程序：

（1）将检定合格的热电偶（热端）嵌入轴瓦测温孔内，对于不带固定卡件的热电偶，使用防油耐热的密封胶填埋。

（2）热电偶延长线在压缩机体内，要沿着走线槽引出并加装固定，以防止损坏。

（3）热电偶延长线在引出机壳时，要用密封组件（螺母挤压橡胶垫密封原理）在机壳引线出口处进行密封处理，防止润滑油泄漏。

（4）将热电偶延长线连接到接线盒内，用接线端子与补偿导线连接。

（5）回收工具，清理现场。

操作安全提示：

（1）热电偶延长线在压缩机内走向要合理。

（2）正确接线并接牢。

**19. 压缩机组热电阻的安装**

准备工作：

（1）正确穿戴劳动保护用品。

（2）工用具、材料准备：数字万用表1块，防爆一字螺丝刀1把，300mm防爆活动扳手1把，手套1副，擦布若干。

操作程序：

（1）将检定合格的热电阻嵌入轴瓦测温孔内，对于不带固定卡件的探头，使用防油耐热的密封胶填埋。

(2) 热电阻引线在压缩机体内，要沿着走线槽引出并加装固定，以防止损坏。

(3) 热电阻引线在引出机壳时，要用密封组件（螺母挤压橡胶垫密封原理）在机壳引线出口处进行密封处理，防止润滑油泄漏。

(4) 将热电阻引线连接到接线盒内，用接线端子与测温回路三线制连接。

(5) 回收工具，清理现场。

操作安全提示：

(1) 热电阻引线在压缩机内走向要合理。

(2) 正确接线并接牢。

**20. 热电偶、热电阻的安装**

准备工作：

(1) 正确穿戴劳动保护用品。

(2) 工用具、材料准备：数字万用表 1 块，防爆一字螺丝刀 1 把，400mm 防爆活动扳手 1 把，密封垫片 1 个，手套 1 副，黄油、擦布若干。

操作程序：

(1) 将热电偶、热电阻的保护套管内脏物清理干净。

(2) 将密封垫片两侧均匀涂上一层黄油，放入保护套管凹台内。

(3) 用防爆活动扳手将热电偶、热电阻旋进保护套管内并拧紧。

(4) 打开热电偶、热电阻接线盒盖。

(5) 连接导线用防爆软管连接到热电偶、热电阻的接线盒内。

(6) 将热电偶、热电阻与导线正确连接，盖好接线

盒盖。

（7）回收工具，清理现场。

操作安全提示：

（1）正确接线并要接牢。

（2）防爆软管与接线盒接头要拧紧，防止接线盒进水。

**21. 一体化温度变送器的投用**

准备工作：

（1）正确穿戴劳动保护用品。

（2）工用具、材料准备：数字万用表1块，防爆一字螺丝刀1把，手套1副，擦布若干。

操作程序：

一体化温度变送器是一种小型密封式厚膜电路仪表，也称为Ⅳ型温度仪表，它和Ⅲ型温度仪表一样，采用电源与信号共享的二线制工作方式。

（1）投用前要对一体化温度变送器进行校准。

（2）检查变送器绝缘是否合格。

（3）接线时应注意信号线的极性。

（4）接线完毕后将接线盒盖拧紧即可。

操作安全提示：

（1）正确接线并接牢。

（2）接线盒盖要拧紧，防止接线盒进水。

**22. 用加热法判断热电偶的极性及分度号**

准备工作：

（1）正确穿戴劳动保护用品。

（2）工用具、材料准备：加热恒温设备1台，直流电位差计1台，标准水银温度计1支，热电偶（E型）1支，热电偶（K型）1支，尖嘴钳1把。

操作程序：

(1) 用标准水银温度计测量环境温度并记录温度值。

(2) 将热电偶插入已加热的水浴恒温槽内，并用标准水银温度计测量水温（高于环境温度）。

(3) 使热电偶与标准水银温度计的测温点处在同一位置，消除测温误差。

(4) 用直流电位差计测量热电偶另一端输出的热电势，正端即为热电偶正极。

(5) 根据热电势及两端温差，查热电偶分度表，确定出热电偶分度号。

操作安全提示：

(1) 使用每台检定设备时，应按照其操作规程安全操作。

(2) 加热时防止烫伤。

**23. 装置运行中更换弹簧管式压力表**

准备工作：

(1) 正确穿戴劳动保护用品。

(2) 工用具、材料准备：弹簧管式压力表 1 块，防爆扳手 2 把，聚四氟乙烯垫片 1 个，生料带若干，防爆螺丝刀 1 把，肥皂水 1 壶，毛刷 1 把，擦布若干。

操作程序：

(1) 拆卸压力表：

①关闭压力表根部取压阀，打开取压阀上的放空阀，放空至压力表指示为零。

②使用防爆扳手卡紧压力表接头，用另一把防爆扳手卡紧压力表，以逆时针方向旋转拆卸压力表。

(2) 安装压力表：

①清理压力表螺纹上的杂物，在压力表接头处正确加装

聚四氟乙烯垫片。

②拧紧取压阀上的放空阀，略微打开取压阀进行吹扫。

③关闭取压阀，先手持压力表调整位置，使压力表按正确螺纹旋进针阀 2~3 扣。

④使用防爆扳手卡紧压力表接头，用另一把防爆扳手卡紧压力表，以顺时针方向旋转拧紧压力表。

⑤缓慢打开压力表取压阀，试漏。

⑥回收工具，清理现场。

操作安全提示：

（1）拆卸时，注意要逐渐加力，不可用力过猛，人要避开压力表正上方。

（2）拧紧时，注意要逐渐加力，不可用力过猛，拧紧后的压力表要垂直于管道，且盘面向外，便于观察。

（3）安装完毕后要注意缓慢打开取压阀。

**24. 弹簧管式压力表指针的安装**

准备工作：

（1）正确穿戴劳动保护用品。

（2）工用具、材料准备：压力表校验仪 1 台，标准压力表 1 块，钟表锤子 1 把，防爆一字螺丝刀 1 把，手套 1 副，擦布若干。

操作程序：

弹簧管式压力表指针装入中心轮轴的方法有两种，即所谓调校时安装法和不调校时安装法。调校时安装法用于刻度盘“0”刻度值处有桩头（挡头）的压力表，而不调校时安装法用于刻度盘“0”刻度值处没有桩头（挡头）的压力表。

（1）调校时安装法。

①将被校压力表装在压力表校验仪上。

②给压力表试压到任一压力值，一般选取在刻度盘 90°处左右的压力刻度数值，使压力保持不变。

③将指针安装在等于这个压力数值的刻度盘上，并稍稍压紧指针于中心轮轴上。

④使压力表校验仪的压力为零，这时，压力表应指示为“0”刻度值；否则，说明压力表有故障，需检查调整。

⑤用钟表锤子将指针轻轻敲牢在中心轮轴上。

（2）不调校时安装法。

①在压力表未调校时，把指针安装于刻度盘的“0”值刻度处。

②用钟表锤子将指针轻轻敲牢在中心轮轴上。

操作安全提示：

（1）正确操作压力表校验仪。

（2）安装指针不要用力，以防止中心轮轴变形。

**25. 弹簧管式压力表的检修**

准备工作：

（1）正确穿戴劳动保护用品。

（2）工用具、材料准备：200mm 防爆活动扳手 1 把，防爆一字螺丝刀 1 把，润滑油、擦布若干。

操作程序：

（1）清除表内、外灰尘及油污。

（2）查看压力表接头导入口有无堵塞。

（3）检查传动部位、齿轮机构是否磨损或损坏。

（4）检查并拧紧各紧固件。

（5）清洗传动部位、齿轮机构，并加注相应的润滑油。

（6）按国家（部门）计量检定规程对压力表进行检定。

（7）回收工具，清理现场。

操作安全提示：

（1）清洗传动部位、齿轮机构要小心。

（2）使用调校设备时，应按照其操作规程安全操作。

**26. 压力导压管的安装**

准备工作：

（1）正确穿戴劳动保护用品。

（2）工用具、材料准备：200mm 防爆活动扳手 1 把，喷壶 1 个，肥皂水、擦布若干。

操作程序：

（1）在取压口附近的导压管应与取压口垂直，管口应与管壁平齐，不得有毛刺。

（2）导压管不能太细、太长，防止产生过大的测量滞后。一般内径应为 6～10mm，长度不超过 50m。

（3）水平安装的导压管应有 1∶10～1∶20 的坡度，坡向应有利于排液（测量气体压力时）或排气（测量液体压力时）。

（4）当被测介质易冷凝或易冻结时，应加装保温伴热管。

（5）测量气体压力时，应优选压力计高于取压点的安装方案，以利于管道内冷凝液回流至工艺管道；测量液体压力时，应优选压力计低于取压点的安装方案，使测量管道不易集聚气体。当被测介质可能产生沉淀物析出时，在仪表前的管路上应加装沉淀器。

（6）为了检修方便，在取压口与仪表之间应装切断阀，并应靠近取压口。

操作安全提示：

弯角处注意不要弯成死角。

**27. 电动压力变送器的调校**

准备工作：

(1) 正确穿戴劳动保护用品。

(2) 工用具、材料准备：标准压力信号发生器1台，标准压力表1块，压力变送器1台，稳压电源（24V）1台，标准电流表1块，数字万用表1块，200mm防爆活动扳手2把，防爆一字螺丝刀1把，导线、擦布若干。

操作程序：

(1) 按照标准操作程序进行管路、电路连接，并接通电源。

(2) 输入压力为测量范围的下限时，调整零点，使变送器输出为4mA。

(3) 输入压力为测量范围的上限时，调整量程，使变送器输出为20mA。

(4) 以上操作步骤反复调整，达到规定要求为止。

(5) 正反行程五点示值检定。

(6) 填写调校记录。

(7) 回收工具，清理现场。

操作安全提示：

(1) 用电应注意安全。

(2) 使用每台调校设备时，应按照其操作规程安全操作。

**28. 电动差压变送器迁移量的调整**

准备工作：

(1) 正确穿戴劳动保护用品。

(2) 工用具、材料准备：标准信号发生器1台，标准

压力表1块，差压变送器1台，稳压电源（24V）1台，标准电流表1块，数字万用表1块，200mm防爆活动扳手1把，防爆一字螺丝刀1把，导线若干。

操作程序：

（1）按照标准操作程序进行管路、电路连接，并接通电源。

（2）输入压力为测量范围的下限时，调整零点，使变送器输出为4mA。

（3）输入压力为测量范围的上限时，调整量程，使变送器输出为20mA。

（4）以上操作步骤反复调整，将零点、量程校准到需要的数值范围。

（5）计算迁移量。

（6）将变送器零点迁移到所需值。

操作安全提示：

使用调校设备时，应按照其操作规程安全操作。

**29. 运行时压力变送器的拆卸**

准备工作：

（1）正确穿戴劳动保护用品。

（2）工用具、材料准备：防爆活动扳手2把，防爆一字螺丝刀1把，标识签2个，笔1支，绝缘胶布1卷，擦布若干。

操作程序：

（1）关闭电源并确认。

（2）关闭引压管一次阀，打开放空阀（或变送器排污螺钉）泄压。

（3）拆下信号线，做好信号线极性标识并做好绝缘。

(4) 松开与导压管相连的活接头或小法兰。

(5) 拆卸变送器。

(6) 包裹引压管管口。

(7) 整理拆下的变送器及配件，拆下的配件应齐全。

(8) 回收工具，清理现场。

操作安全提示：

(1) 按安全操作规范进行操作。

(2) 泄压时，如发现截止阀关闭不严，应终止操作并恢复变送器使用。

**30. 压力变送器的现场投用**

准备工作：

(1) 正确穿戴劳动保护用品。

(2) 工用具、材料准备：数字万用表 1 块，防爆扳手 2 把，防爆一字螺丝刀 1 把，管钳 1 把，肥皂水 1 壶，毛刷 1 把。

操作程序：

(1) 检查变送器的电气回路接线是否正确，绝缘电阻应符合要求。

(2) 检查取压导管连接正确、整齐、牢固。

(3) 关闭二次取压阀。

(4) 缓慢开启一次引压阀，再打开排污阀冲洗管路，冲洗完后关好排污阀。

(5) 仪表回路上电，打开二次阀，观察仪表指示是否正常。

(6) 检查是否有泄漏。

(7) 填写启用报告。

(8) 回收工具，清理现场。

操作安全提示：

（1）启用方法应得当。

（2）操作步骤应正确。

（3）仪表投用应符合技术要求。

（4）操作应符合安全操作规范。

**31. 差压（压力）变送器的巡检**

准备工作：

（1）正确穿戴劳动保护用品。

（2）工用具、材料准备：防爆扳手1把，防爆十字螺丝刀1把，防爆一字螺丝刀1把，仪表箱钥匙1把，记录本1本，钢笔1支。

操作程序：

（1）向当班工艺人员了解仪表运行情况。

（2）检查仪表指示是否正常。

（3）检查各阀门的开关情况。

（4）检查仪表及引压管线保温伴热情况是否良好。

（5）检查仪表、阀门及连接处有无泄漏。

（6）检查仪表本体与连接件有无损坏和腐蚀。

（7）检查仪表标识及安装是否牢固可靠。

操作安全提示：

按照仪表巡检项目及路线进行巡检，并符合安全操作规范。

**32. 差压液位变送器的现场投用**

准备工作：

（1）正确穿戴劳动保护用品。

（2）工用具、材料准备：数字万用表1块，万用表1块，防爆扳手2把，防爆一字螺丝刀1把，防爆十字螺丝刀

1把，擦布若干。

操作程序：

(1) 检查变送器的电气回路接线是否正确，绝缘电阻应符合要求。

(2) 仪表回路上电。

(3) 检查取压导管连接正确、整齐、牢固无泄漏。

(4) 关闭三阀组正负取压阀，打开平衡阀。

(5) 缓慢开启一次引压阀，再打开排污阀冲洗管路，冲洗完后关好排污阀。

(6) 打开三阀组的正压阀，关闭平衡阀，再打开负压阀。

(7) 填写启用报告。

(8) 回收工具，清理现场。

操作安全提示：

(1) 启用方法应得当。

(2) 操作步骤应正确。

(3) 仪表投用应符合技术要求。

(4) 操作应符合安全操作规范。

**33. 差压变送器接头渗漏的现场处理**

准备工作：

(1) 正确穿戴劳动保护用品。

(2) 工用具、材料准备：防爆活动扳手2把，防爆一字螺丝刀1把，密封垫圈若干，生料带若干，擦布若干。

操作程序：

(1) 检查现场差压变送器接头渗漏情况，如果接头松动，进行紧固，若紧固后仍有渗漏则进行以下操作。

(2) 与工艺人员联系后方可进行维修。

(3) 如变送器带联锁应解除联锁控制，如有调节控制

回路则应将输出切换至手动控制。

(4) 关闭一次阀，打开平衡阀。

(5) 关闭三阀组的正负压阀，开启排污阀，泄掉管路压力。

(6) 根据现场故障情况进行相应处理。

(7) 关闭排污阀，打开一次阀。

(8) 打开三阀组的正压阀，关闭平衡阀，再打开负压阀，正常后通知工艺人员。

(9) 填写维修记录。

(10) 回收工具，清理现场。

操作安全提示：

(1) 处理方法应得当。

(2) 操作步骤应正确。

(3) 仪表投用应符合技术要求。

(4) 操作应符合安全操作范围。

**34. 雷达液位计的安装操作**

准备工作：

(1) 正确穿戴劳动保护用品。

(2) 工用具、材料准备：万用表1块，防爆活动扳手1把，防爆尖嘴钳1把，防爆一字螺丝刀1把，防爆十字螺丝刀1把，黄油若干。

操作程序：

(1) 检查接线端子是否良好，是否有腐蚀或脏物。

(2) 检查各防爆结合面是否有划痕碰伤。

(3) 在压力法兰与安装法兰结合面之间加密封垫片并双面涂上少量黄油。

(4) 对角拧紧法兰安装螺栓。

(5) 将信号远传导线接到接线端子上，保证接触良好，无松动。

(6) 安装完毕后，应随工艺设备一同试压，并进行校对工作。

操作安全提示：

(1) 安装雷达液位计时，应避开进料口和旋涡。

(2) 对于有搅拌器的容器，雷达液位计的安装位置不要在搅拌器附近，因为搅拌时会产生不规则的旋涡，造成雷达信号的衰减。

(3) 雷达液位计的防爆结合面不得有划痕碰伤。

**35. 水校法调校外浮筒液位（界位）变送器**

准备工作：

(1) 正确穿戴劳动保护用品。

(2) 工用具、材料准备：稳压电源 1 台，万用表 1 块，防爆扳手 2 把，防爆尖嘴钳 1 把，防爆一字螺丝刀 1 把，防爆十字螺丝刀 1 把，管钳 1 把，水壶 1 个，信号线 5m，透明塑料管 3m，各种仪表连接接头若干。

操作程序：

(1) 关闭上下截止阀，打开放空阀和排污阀，将浮筒液体全部排空。

(2) 在下方排污孔接透明塑料软管，软管的另一端要高于浮筒的顶点，便于观测液位。

(3) 在上方放空口加入清水，计算出对应各调校点的灌水高度（按照水与介质密度进行换算）。

(4) 根据要求将变送器确定为 0、50%、100%三个调校点。

(5) 逐次灌水至各调校点对应高度，记录对应的仪表输出电流。

(6) 逐次放水至各调校点对应高度，记录对应的仪表输出电流。

(7) 计算变送器的示值误差是否在允许的范围内；如超出允许误差，重复调整零位及量程。

(8) 填写调校记录。

(9) 拆除调校设施，投用浮筒液位计，清理现场。

操作安全提示：

(1) 工具使用方法应得当。

(2) 操作步骤应正确。

(3) 仪表调试精度应符合要求。

(4) 操作应符合安全操作规范。

**36. 磁耦合浮子式液位计的安装与维护操作**

准备工作：

(1) 正确穿戴劳动保护用品。

(2) 工用具、材料准备：万用表1块，防爆扳手2把，防爆尖嘴钳1把，防爆一字螺丝刀1把，防爆十字螺丝刀1把，黄油若干。

操作程序：

(1) 磁耦合浮子式液位计的安装。

①检查浮子室内是否有异物如焊渣、石块、铁屑等进入。

②液位计必须垂直安装于容器法兰片上，垫片双面应涂抹少许黄油，法兰螺栓应对角拧紧，其最大不垂直度不大于3°。

③浮子装入浮子室时，不可将浮子上下颠倒，对角拧紧下法兰。

④液位计投入运行时，应先打开上阀门，然后慢慢打开下阀门。

(2) 日常维护。

①液位计检修时需进行清洗，清洗时关掉上下阀门，打开排污阀及封头螺栓进行清洗。

②拆下下盖，取出浮子，清洗后回装。

③检查相应元件有无损坏，避免远传装置发生故障。

④检查接线是否牢固，密封圈应能有效夹紧电缆，密封老化时应及时更换。

⑤检查上下法兰螺栓是否紧固，防止有泄漏现象发生。

操作安全提示：

液位计投运时应按操作规程进行操作。

**37. 双法兰液位变送器的安装操作**

准备工作：

(1) 正确穿戴劳动保护用品。

(2) 工用具、材料准备：万用表 1 块，防爆扳手 2 把，防爆尖嘴钳 1 把，防爆一字螺丝刀 1 把，防爆十字螺丝刀 1 把，密封垫片 2 个。

操作程序：

(1) 将变送器本体安装在变送器的安装托架上。

(2) 将安装托架用 U 形卡子安装在直径为 50mm 的管架上。

(3) 将高、低压两侧法兰安装在配对法兰上，加密封垫片，对角拧紧安装螺栓。

(4) 将高、低压侧的毛细管束在一起并固定，减少风吹及振动等产生的影响。

(5) 将信号电缆通过电缆保护管引入变送器接线盒内。

(6) 盖好接线盒盖，做好防水处理。

(7) 回收工具，清理现场。

操作安全提示：

高、低压两侧法兰应安装正确，不能装反。

**38. 在线更换孔板阀孔板**

准备工作：

（1）正确穿戴劳动保护用品。

（2）工用具、材料准备：防爆一字螺丝刀 1 把，200mm 防爆活动扳手 1 把，摇柄 1 把，手套 1 副，密封脂、黄油及擦布若干。

操作程序：

（1）取出孔板。

①打开平衡阀，平衡上下腔压力。

②全开滑阀，用摇柄顺时针方向摇齿轮轴，至摇不动为止。

③逆时针方向摇下腔齿轮轴至转不动为止，把孔板从下阀腔提至上阀腔，直至孔板导板与上腔齿轮轴咬合。

④关闭滑阀，用摇柄逆时针方向摇上腔齿轮轴，至摇不动为止，切断上下腔通道。

⑤关闭平衡阀。

⑥缓慢打开放空阀，将上阀腔压力放空至零。

⑦取下防雨保护罩，拧松螺栓，取掉顶板、压板。

⑧逆时针方向继续旋转上腔齿轮轴，提出孔板。

（2）装入孔板。

①在孔板密封环四周抹少许黄油，将孔板装入导板后放入上阀腔，顺时针慢摇上腔齿轮轴至碰到滑板为止（孔板开孔扩散方向应朝向介质流动方向）。

②依次装入密封垫片、压板、顶板，拧紧顶板上的螺栓，盖好防雨保护罩。

③关闭放空阀。

④打开平衡阀，平衡上下腔压力。

⑤全开滑阀，用摇柄顺时针方向摇齿轮轴，至摇不动为止。

⑥依次顺时针方向旋转上腔齿轮轴和下腔齿轮轴，直到孔板到位。

⑦关闭平衡阀。

⑧关闭滑阀，注入密封脂。

⑨开放空阀将上阀腔压力放空至零后，关闭放空阀。

⑩检查有无渗漏现象。

操作安全提示：

（1）安装时应注意安全。

（2）操作应按操作规程执行。

**39. 旋进旋涡流量计的安装**

准备工作：

（1）正确穿戴劳动保护用品。

（2）工用具、材料准备：防爆扳手1套，仪表组合工具1套，密封垫片2个，防爆撬棍1根，黄油适量，抹布若干。

操作程序：

（1）操作尽量避开强振动环境。

（2）在流量计前安装过滤器以滤除杂质。

（3）流量计应设置旁通管路，以便不断流检修和清洗流量计。

（4）旋进旋涡流量计前有3D（管道直径）、后有1D长的直管段。

（5）在垂直管道上安装时，流体流向必须是自下而上。

（6）管道与流量计必须安装同心，并防止密封垫片突出到管道中，否则会造成测量误差。

（7）流量计接线时信号电缆应尽可能远离电力电缆，信号传输采用三芯屏蔽线，并单独穿在金属套管内敷设。

（8）电缆屏蔽层应遵循“一点接地”原则可靠接地，接地电阻应小于10Ω，并应在流量计侧接地。

操作安全提示：

应按操作规程进行安装操作。

**40. 质量流量计检修后的投运检查**

准备工作：

（1）正确穿戴劳动保护用品。

（2）工用具、材料准备：万用表1块，防爆一字螺丝刀1把，200mm防爆F形扳手1把，200mm防爆活动扳手1把，擦布若干。

操作程序：

（1）确认传感器与工艺管道连接完好，连接处无泄漏。

（2）检查变送器安装是否牢固，接线是否正确，电气连接部位达到防爆要求。

（3）与工艺联系倒通流程，保证流量计满管，关闭流量计截止阀。

（4）变送器送电，并预热30min；确保变送器处于流量计允许调整的安全模式。

（5）检查仪表零位，如不正确，按规定进行调零。

（6）与工艺联系倒通流程，投运流量计。

操作安全提示：

流量计通电前，要确保接线正确。

**41. 质量流量计的日常检查**

准备工作：

（1）正确穿戴劳动保护用品。

(2) 工用具、材料准备：数字万用表1块，防爆一字螺丝刀1把，200mm防爆活动扳手1把，清洗液、擦布若干。

操作程序：

(1) 查看控制室流量计各参数是否正确。

(2) 检查现场变送器显示是否正常。

(3) 检查现场表体及连接件有无松动、损坏、腐蚀及防爆情况。

(4) 检查流量计与工艺管道连接有无泄漏。

(5) 检查现场接线盒密封是否良好。

(6) 清洁变送器及各连接件的灰尘。

操作安全提示：

检查电气接线时应注意安全。

**42. 超声波流量计探头拆卸清洗**

准备工作：

(1) 正确穿戴劳动保护用品。

(2) 工用具、材料准备：防爆探头拆卸专用工具1套，防爆信号线拆装工具1套，防爆内六角扳手1套，毛刷1把，清洗液若干，擦布若干。

操作程序：

(1) 断开超声波流量计电源。

(2) 用内六角扳手"对角"拆卸探头端盖。

(3) 将防爆信号线拆装工具伸入探头孔洞中，水平方向顺势拔下信号电缆。

(4) 将防爆探头拆卸工具伸入探头孔洞中，将螺纹杆旋进探头尾端接头中，缓慢旋进螺帽将探头拉出至导轨中。

(5) 将拆下的探头依次排列，用清洗液清洗，并用擦布擦试干净。

(6) 用毛刷蘸少许清洗液伸入探头中清洗，并用擦布擦试干净。

(7) 安装时，按照顺序依次装入探头。用防爆探头拆卸工具将探头插入孔洞中，逆向旋转螺纹杆退出工具。

(8) 用防爆信号线拆卸工具送入信号电缆，待电缆线落入线槽内，信号线插头放在缩径处，准确与插座连接。

(9) 用防爆内六角扳手上紧端盖。

(10) 超声波流量计上电。

(11) 回收工具，清理现场。

操作安全提示：

(1) 拔出信号电缆不要用力过大，以免造成损坏。

(2) 安装探头不要用力过猛，以免损坏密封胶圈。

**43. 转子流量计投运**

准备工作：

(1) 正确穿戴劳动保护用品。

(2) 工用具、材料准备：数字万用表 1 块，防爆一字螺丝刀 1 把，200mm 防爆 F 形扳手 1 把，200mm 防爆活动扳手 1 把，手套 1 副，清洗液、擦布若干。

操作程序：

(1) 仪表投运前应检查各部分连接螺栓有无松动、接线是否正确。检查“刻度盘指示”与“输出信号”是否相对应。

(2) 转子流量计投入运行时，应缓慢开启上游阀门，待压力稳定后，打开下游阀门。

操作安全提示：

(1) 缓缓开启前后阀门，以免流体冲击转子、损坏仪表。

（2）测量介质为液体的流量计，要注意把变送器壳体内气体排尽，以免影响测量精度。

### 44. 机械内部探头安装支架的安装操作

准备工作：

（1）正确穿戴劳动保护用品。

（2）工用具、材料准备：防爆活动扳手1把，防爆内六角扳手1套。

操作程序：

（1）支架螺纹导向口与探头进口方向一致。

（2）用防爆内六角扳手将支架与设备固定。

操作安全提示：

注意安装要牢固，安装支架方向要正确。

### 45. 探头保护套管的安装操作

准备工作：

（1）正确穿戴劳动保护用品。

（2）工用具、材料准备：万用表1块，防爆活动扳手2把，密封胶少许。

操作程序：

（1）使用万用表检查探头是否完好。

（2）检查探头内外螺纹是否完好。

（3）将探头与保护管连接处涂抹少量的密封胶后，旋入探头保护管内。

（4）用两把防爆活动扳手，一把卡住探头中部的六方，另一把卡住保护管尾端的六方，向不同方向用力，拧紧即可。

操作安全提示：

安装时不要碰坏探头。

**46. 状态监测系统前置器的更换操作**

准备工作：

（1）正确穿戴劳动保护用品。

（2）工用具、材料准备：万用表1块，防爆活动扳手1把，防爆尖嘴钳1把，防爆一字螺丝刀1把，防爆十字螺丝刀1把，防爆内六角扳手1套。

操作程序：

（1）将监测系统回路断电。

（2）将现场隔爆接线箱打开。

（3）将损坏的前置器拆除，更换新的前置器。

（4）恢复现场隔爆接线箱，并达到防爆要求。

（5）回收工具、清理现场。

操作安全提示：

拧紧隔爆接线箱螺栓。

**47. 状态监测系统径向振动探头的安装**

准备工作：

（1）正确穿戴劳动保护用品。

（2）工用具、材料准备：万用表1块，防爆活动扳手1把，防爆一字螺丝刀1把，防爆十字螺丝刀1把，探头安装专用工具1套。

操作程序：

（1）用万用表检查探头是否完好，探头保护管与安装孔螺纹应无损伤。

（2）将探头旋进安装孔中。

（3）把探头与延伸电缆连线接好。

（4）打开前置器接线箱，找到相应的前置器。

（5）测量前置器上的输出电压，边旋进探头边测量电压，调整到输出电压为-9V（±0.25V）。

（6）用专用工具将锁紧螺帽拧紧。

（7）将延伸电缆与探头电缆接头拧紧并做好绝缘处理。

（8）将探头安装盒盖拧紧，扣好前置器接线箱盖将螺栓拧紧。

（9）回收工具，清理现场。

操作安全提示：

安装探头前应检查轴的表面是否清洁，无瑕疵，以尽可能减小可能出现的假信号问题。

**48. 状态监测系统轴向位移探头的安装**

准备工作：

（1）正确穿戴劳动保护用品。

（2）工用具、材料准备：万用表1块，防爆活动扳手1把，防爆一字螺丝刀1把，防爆十字螺丝刀1把，探头安装专用工具1套。

操作程序：

（1）由机修人员把轴推到零位或相应的参考位置。

（2）用万用表检查探头是否完好。

（3）检查探头保护管与安装孔螺纹应无损伤。

（4）探头旋进安装孔并将探头固定到一定的位置。

（5）将探头电缆与延伸电缆接头拧紧，查看计算机显示轴位移指示值。

（6）按机修给定的窜量值，在计算机上观察数据并用对讲机向现场传递，现场按照传递的数据调整探头间隙，直到轴位移指示值在零点或相应位置。

（7）由机修人员将轴撬到非零参考位置或两端的尽头，分别察看计算机显示的上下窜量是否与机修人员用机械表测

得的轴窜量一致，若不一致应重新调整。

（8）将探头、延伸电缆的接头拧紧，做好绝缘处理。

（9）将探头安装盒盖扣好拧紧。

（10）回收工具，清理现场。

操作安全提示：

在安装探头时，不要用其所带电缆将探头旋进，这样探头电缆将被损坏。

**49. 状态监测系统延伸电缆的更换**

准备工作：

（1）正确穿戴劳动保护用品。

（2）工用具、材料准备：万用表 1 块，防爆活动扳手 1 把，防爆一字螺丝刀 1 把，防爆十字螺丝刀 1 把。

操作程序：

（1）检查延伸电缆长度是否与探头和前置器的要求配套。

（2）打开前置器接线箱、探头安装接线盒、延伸电缆保护管弯角处的穿线盒盖。

（3）检查电缆保护管道内是否干净，无尖锐毛刺或粗糙表面，防止划伤电缆。

（4）将旧电缆与新电缆线连接，缓慢移动电缆，直至新电缆安装到位。

（5）将延伸电缆的一端与探头电缆连接，另一端与前置器接头连接。

（6）将前置器接线箱、探头安装接线盒、延伸电缆保护管弯角处的穿线盒盖扣好，拧紧螺栓。

操作安全提示：

遵守电气操作规程（NEC）。

**50. 状态监测系统振动探头的拆卸**

准备工作：

(1) 正确穿戴劳动保护用品。

(2) 工用具、材料准备：万用表1块，防爆活动扳手1把，防爆一字螺丝刀1把，防爆十字螺丝刀1把，探头安装专用工具1套。

操作程序：

(1) 打开探头安装接线盒，断开探头、延伸电缆的微型接头。

(2) 用专用工具将探头锁紧螺母旋松，将探头从安装支架上旋出。

(3) 将探头擦拭干净，做好标记，保存好。

(4) 对仪表保护管内延伸电缆的接头做好保护。

(5) 将探头安装接线盒盖扣好、拧紧防止丢失。

操作安全提示：

探头拆除完毕后，要轻拿轻放，顶端要用棉布包好，避免探头端部受损。

**51. 本特利电涡流振动探头的调校**

准备工作：

(1) 正确穿戴劳动保护用品。

(2) 工用具、材料准备：万用表1块，TK-3校验仪1台，探头1支，延伸电缆1根，前置器1个。

操作程序：

(1) 将探头电缆与延伸电缆连接，延伸电缆另一端接到前置器上。

(2) 调节TK-3校验仪上的螺旋千分尺，使示值对准0处。

(3) 用合适的探头夹把探头固定在探头坐上，使探头

顶端接触到千分尺的靶片。

(4) 将-24V 接到前置器的电源端和公共端，万用表拨到直流电压（20V）挡测量前置器的输出。

(5) 调节千分尺的示值增加到 0. 25mm，记录万用表的电压值（此值为前置器输出电压）。以每次 0. 25mm 的数值增加间隙，直到示值为 2. 5mm 为止，并记录每一次的输出电压值（校验点不少于 10 点）。

(6) 以所记录的数据，依照“传感器（探头）校验曲线”的形式，绘制出被校探头传感器系统的间隙-电压曲线。

(7) 根据所绘制出的间隙-电压曲线，确定传感器系统的线性范围。传感器线性范围的中心将作为其静态设定点。

操作安全提示：

(1) 探头应完好无损，接头无氧化锈蚀。

(2) 延伸电缆完整、保护层无破损。

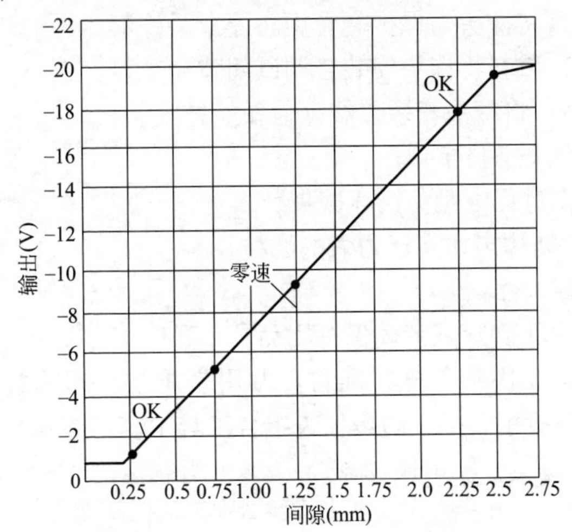

**52. 更换状态监测系统振动探头的操作**

准备工作：

（1）正确穿戴劳动保护用品。

（2）工用具、材料准备：万用表1块，防爆活动扳手2把，防爆一字螺丝刀1把，防爆十字螺丝刀1把，密封胶适量，探头1支。

操作程序：

（1）打开探头安装接线盒盖。

（2）将探头套管从机械上拆下来。

（3）用两把防爆扳手将损坏的探头从探头保护套管上拆除。

（4）检查新探头有无损伤，螺纹有无损坏。

（5）清理探头保护套管的异物，内螺纹应完好无损。

（6）将所更换探头的螺纹处涂抹少量的密封胶。

（7）探头从保护管带有螺纹的一端穿过套管。

（8）将探头与保护套管用防爆扳手拧紧。

（9）重新将探头安装，调试间隙。

（10）将探头安装接线盒盖扣好拧紧。

操作安全提示：

操作过程中避免损坏探头。

**53. 防爆电接点压力表的调校**

准备工作：

（1）正确穿戴劳动保护用品。

（2）工用具、材料准备：万用表1块，压力校验仪1台、防爆扳手2把，防爆仪表组合工具1套，垫片2个，抹布若干。

操作程序：

（1）检查电接点装置的绝缘。

（2）将电接点压力表、标准压力表和压力校验仪连接好。

（3）管路做静压密封试验。

（4）缓慢升压至电接点压力表量程时，检查指针有无卡涩、跳动现象。

（5）泄压为零时检查指针是否归零。

（6）拨动上限（下限）设定装置到要求的设定值。

（7）进行升（降）压操作，检查接点动作情况。

（8）填写校验记录。

（9）完毕后拆除校验设施。

（10）回收工具，清理现场。

操作安全提示：

按操作规程进行安装操作。

**54. 浮球液位开关的安装操作**

准备工作：

（1）正确穿戴劳动保护用品。

（2）工用具、材料准备：万用表 1 块，防爆呆扳手 2 把，尖嘴钳 1 把，防爆一字螺丝刀 1 把，防爆十字螺丝刀 1 把，防爆内六角扳手 1 套，石棉密封垫 1 个，黄油若干，擦布若干。

操作程序：

（1）对法兰片进行清理，消除污物。

（2）加装密封垫，密封垫双侧涂抹黄油。

（3）将浮球开关安装在配对法兰上。

（4）对角紧固法兰螺栓。

（5）打开接线盒，连接信号线。

（6）盖好接线盒盖，送电投用仪表。

（7）回收工具，清理现场。

操作安全提示：

浮球方向安装要正确。

**55. 温度开关的调校**

准备工作：

（1）正确穿戴劳动保护用品。

（2）工用具、材料准备：万用表1块，水（油）浴装置1套，标准温度计1支，防爆呆扳手2把，防爆一字螺丝刀1把，防爆十字螺丝刀1把，擦布若干。

操作程序：

（1）绝缘性检查：用万用表电阻挡，分别测试微动开关的输出点与地之间的绝缘电阻应不低于20MΩ，常开触点的绝缘电阻应不低于20MΩ。

（2）温度开关插入到水（油）浴装置。

（3）报警值调校：将水（油）浴上升或下降到报警值，输出触点动作。

（4）反复进行三次调校。

（5）填写温度开关调校记录。

操作安全提示：

（1）注意常开、常闭触点的选择。

（2）避免烫伤。

**56. 压力开关的调校**

准备工作：

（1）正确穿戴劳动保护用品。

（2）工用具、材料准备：压力校验台1台，精密压力表1块（与所被校验的压力开关量程相适应，精度等级要

满足规程要求)，万用表1块。

操作过程：

(1) 用万用表电阻挡，分别测试输出点与地之间的绝缘电阻应不低于20MΩ。

(2) 将压力开关与压力校验台连接，做静压密封试验。

(3) 将压力值上升或下降至报警点，输出触点动作，万用表蜂鸣器通或断。

(4) 进行不少于3次的复线性检查。

(5) 填写压力开关调校记录。

操作安全提示：

按操作规程进行操作。

**57. 使用游标卡尺测量工件**

准备工作：

(1) 正确穿戴劳动保护用品。

(2) 工用具、材料准备：游标卡尺1把，待测内径和外径的工件各1件，棉纱，软布若干，笔1支，记录本1本。

操作程序：

(1) 检查游标卡尺是否归零，检查游标卡尺外观无损伤、固定螺钉无松动、主副尺零线对齐。

(2) 松开主、副尺上螺钉，将外卡拉开卡住被测工件。

(3) 固定副尺上螺钉，用副尺调节螺钉进行微调至松紧合适，固定主尺上螺钉。

(4) 取下卡尺读数，读数时先按零线所处位置在主尺上读出整数（mm）。

(5) 找出游标上哪一条刻度线与主尺刻度线对得最齐，读得游标上这条线的数就为小数部分，再将主尺上读数与游标上读数相加，即得到被测工件外径尺寸。

（6）松开主、副尺上螺钉，将内卡拉开卡住被测工件。

（7）固定副尺上螺钉，用副尺调节螺钉进行微调至松紧合适，固定主尺上螺钉。

（8）取下卡尺读数，读数时先按零线所处位置在主尺上读出整数（mm）。

（9）找出游标上哪一条刻度线与主尺刻度线对得最齐，读得游标上这条线的数就为小数部分，再将主尺上读数与游标上读数相加即得被测工件面尺寸，但读数时应加上外卡宽度（一般为10mm），即得被测工件内径尺寸。

（10）填写记录。

（11）回收工具，清理现场。

操作安全提示：

正确使用游标卡尺，防止机械伤害。

**58. 使用外径千分尺测量工件外径**

准备工作：

（1）正确穿戴劳动保护用品。

（2）工用具、材料准备：外径千分尺1把，被测工件1件。

操作程序：

（1）双手测量法。

①左手拿尺架，右手握测力装置。

②转动测力装置，使测量杆端面和被测工件表面接近。

③转动测力装置直到打滑并发出响声为止，读出尺寸。

④读数时，尺与视线垂直。

（2）单手测量法（较小尺寸）。

①大拇指和食指捏住微分筒，小指和无名指勾住尺架并压向手心。

②测量时，大拇指和食指转动微分筒，转动时轻微用力使之与测量面接触。

③读数时，尺与视线垂直。

操作安全提示：

（1）测量前。

①应保持外径千分尺的清洁，测量面必须擦拭干净。

②检查千分尺的“0”位。

（2）测量中。

①正确使用测力装置，保持测量力恒定。

②应在静态下测量。

③双手测量时严禁拧动活动套筒，以防用力过度致测量不准确。

④不得预先调好尺寸，并锁紧螺杆后用力卡过工件。

⑤外径千分尺不能放置在机床主轴箱上。

⑥外径千分尺不能放置在机床导轨上。

⑦外径千分尺不能放置强磁场附近。

⑧外径千分尺不能与其他工具、量具等混放。

（3）测量后。

①千分尺擦净放置在专用盒内。

②长时间不使用时，应涂油保存，以防止生锈。

**59. DCS 系统与现场调节阀的联校操作**

准备工作：

（1）正确穿戴劳动保护用品。

（2）工用具、材料准备：对讲机一对。

操作程序：

（1）启动调节器画面。

（2）设置好调节器的 PID 参数。

（3）手动遥控现场调节阀。

（4）观察反馈信号。

（5）进行自动/手动切换，在键盘上直接输入给定量，模拟快速操作。

操作安全提示：

（1）调节前应与工艺人员沟通。

（2）确认现场阀是气开还是气关阀。

**60. 更换 PLC 框架步骤**

准备工作：

（1）正确穿戴劳动保护用品。

（2）工用具、材料准备：万用表 1 块、防爆一字螺丝刀 1 把、防爆十字螺丝刀 1 把。

操作程序：

（1）切断 AC 电源，如装有编程器，拔掉编程器。

（2）从框架右端的接线端板上，拔下塑料盖板，拆去电源接线。

（3）拔掉所有的 I/O 模块。如果原先在安装时有多个工作回路的话，不要弄乱 I/O 的接线，应记下每个模块在框架中的位置，以便重新插上时不至于出错。

（4）如果是 CPU 框架，拔除 CPU 组件和填充模块，将它放在安全的地方，便于以后重新安装。

（5）卸去底部固定框架的螺钉，松开上部螺钉，但不用拆掉。

（6）将框架向上推移一下，然后把框架向下拉出来放在旁边。

（7）将新的框架从顶部螺钉上套进去。

（8）装上底部螺钉，并将底部螺钉拧紧。

(9) 插入 I/O 模块。

(10) 插入卸下的 CPU 和填充模块。

(11) 在框架右边的接线端上重新接好电源接线，再盖上电源接线端的塑料盖。

(12) 检查电源接线是否正确，然后再通上电源，仔细检查整个控制系统的工作，确保所有的 I/O 模块位置正确，程序没有变化。

操作安全提示：

注意在插入 I/O 模块时，位置要与拆下时一致。如果模块插错位置，将会引起控制系统危险或错误的操作，但一般不会损坏模块。

**61. 检测端安全栅的回路联校**

准备工作：

(1) 正确穿戴劳动保护用品。

(2) 工用具、材料准备：万用表 1 块，数字电流表 1 台，电阻箱 1 台，防爆一字螺丝刀 1 把，防爆十字螺丝刀 1 把，导线若干。

操作程序：

(1) 应根据安全栅的类型、型号，选择不同的接线图接线。

(2) 要注意电源标准和极性，并在通电预热 15min 后再开始联校。

(3) 零点、满量程的联校：首先调节电阻箱阻值为 6kΩ，使输入电流为 4mA，此时输出电压应为 1V，然后调节电阻箱为 1.2kΩ，使输入电流为 20mA，此时输出电压应为 5V；

(4) 精度测试：缓慢调节电阻箱，从 6kΩ 到 1.2kΩ 变化，使输入电流为全量程的 0、25%、50%、75%、100%，即输入电流为 4mA、8mA、12mA、16mA、20mA。同时用数字电压表测量输出电压对应的电压值。根据误差计算公式计算出实测基本误差。

操作安全提示：

(1) 注意安全栅类型。

(2) 注意接线问题。

**62. 投用接口柜电源**

准备工作：

(1) 正确穿戴劳动保护用品。

(2) 工用具、材料准备：万用表 1 块，防爆一字螺丝刀 1 把，防爆十字螺丝刀 1 把。

操作程序：

(1) 检查 UPS 电源。

(2) 投用时，要确保各开关都在“断开”的位置。

(3) 用万用表检查绝缘电阻及接线有无短路现象。

(4) 接通总开关，依次给接口柜送电。

操作安全提示：

分级投用接口柜电源，不能用总电源代替分开关一次送电。

**63. 自力式压力调节阀的投运操作**

准备工作：

(1) 正确穿戴劳动保护用品。

(2) 工用具、材料准备：防爆活动扳手 1 把，防爆一字螺丝刀 1 把，防爆十字螺丝刀 1 把。

操作程序：

(1) 压力调节阀组安装完毕后，应进行冲洗、吹扫。

(2) 管道内的压力值不应超过压力阀的极限值。

（3）首先缓慢开启自力式压力调节阀后的截止阀。

（4）缓慢开启自力式压力调节阀前的截止阀。

（5）观察压力调节阀前后压力表，调节压力调节阀的调节螺母（调节螺母位于执行器弹簧顶端）。

（6）稳定一段时间，以获得理想的阀前压或阀后压。

操作安全提示：

要使自力式调节阀工作在要求压力范围内。

**64. 电动执行器的日常维护**

准备工作：

（1）正确穿戴劳动保护用品。

（2）工用具、材料准备：防爆扳手 1 把，毛刷 1 把，油杯或油嘴、抹布若干。

操作程序：

（1）电动执行器的清扫。

①用毛刷或抹布将电动执行器的表面、阀杆和阀杆螺母上的梯形螺纹，阀杆螺母与支架滑动部位以及齿轮、蜗轮蜗杆等部件上的灰尘擦净。

②疏水阀每班至少检查一次，定期打开冲洗阀和疏流阀底的堵头进行冲洗，或定期拆卸冲洗，以免脏物堵塞电动执行器。

（2）电动执行器的润滑。

①对电动执行器梯形螺纹，阀杆螺母与支架滑动部位，轴承部位、齿轮和蜗轮蜗杆的啮合部位以及其他配合活动部位，应按具体情况定期加油。

②润滑剂有机油、黄油、二硫化钼和石墨等。

③高温电动执行器不适于用机油、黄油，它们会因高温熔化而流失，而适于注入二硫化钼和抹擦石墨粉剂。

④对裸露在外需要润滑的部位（如梯形螺纹、齿轮等），若采用黄油等油脂，容易沾染灰尘，而采用二硫化钼和石墨粉润滑则不容易沾染灰尘，润滑效果比黄油好。

⑤石墨粉不容易直接涂抹，可用少许机油或水调和成膏状使用。注油密封的旋塞阀应按照规定时间注油，否则容易磨损和泄漏。

（3）电动执行器的维护。

①检查运行中的电动执行器，各种阀件应齐全、完好。

②法兰和支架上的螺栓不可缺少，螺纹应完好无损，不允许有松动现象。

③手轮上紧固螺母，如发现松动应及时拧紧，以免磨损连接处或丢失手轮和铭牌。

④填料压盖不允许歪斜或无预紧间隙。

⑤电动执行器上的标尺应保持完整、准确、清晰。电动执行器的铅封、盖帽、气动附件等应齐全完好。

操作安全提示：

不允许在运行中的电动执行器上敲打、站人或用于支承重物。

**65. 气动调节阀的巡检**

准备工作：

（1）正确穿戴劳动保护用品。

（2）工用具、材料准备：防爆一字螺丝刀1把，防爆扳手1把，钢笔1支，肥皂水1壶，擦布若干。

操作程序：

（1）向当班工艺人员了解仪表运行情况。

（2）检查调节阀供风及防爆情况。

（3）检查阀位指示是否正确。

（4）检查调节阀及附件是否完好。

（5）检查调节阀泄漏情况。

（6）检查调节阀本体与连接件的损坏与腐蚀情况。

（7）检查调节阀标识及附属部件的牢固情况。

操作安全提示：

按照调节阀的巡检项目及巡检路线进行巡检。

**66. 调节阀的调校**

准备工作：

（1）正确穿戴劳动保护用品。

（2）工用具、材料准备：万用表 1 块，防爆活动扳手 1 把，防爆尖嘴钳 1 把，防爆一字螺丝刀 1 把，防爆十字螺丝刀 1 把，信号发生器 1 台。

操作程序：

（1）电气连接。

①检查气源压力及气密性。

②将信号发生器与定位器连接。

（2）零点、量程检测。

①输入 4mA DC 对应调节阀指示 0。

②输入 20mA DC 对应调节阀指示 100%。

（3）正行程线性度的检测。

①输入 4mA DC 时，对应调节阀指示为 0。

②输入 8mA DC 时，对应调节阀指示为 25%。

③输入 12mA DC 时，对应调节阀指示为 50%。

④输入 16mA DC 时，对应调节阀指示为 75%。

⑤输入 20mA DC 时，对应调节阀指示为 100%。

（4）反行程线性度的检测。

①输入 20mA DC 时，对应调节阀指示为 100%。

②输入 16mA DC 时，对应调节阀指示为 75%。

③输入 12mA DC 时，对应调节阀指示为 50%。

④输入 8mA DC 时，对应调节阀指示为 25%。

⑤输入 4mA DC 时，对应调节阀指示为 0。

(5) 回差的计算。

回差是指同一输入信号上升和下降的两个相应行程间的最大差值。

(6) 填写调校记录。

(7) 拆除检测设备。

(8) 回收工具，清理现场。

操作安全提示：

(1) 应进行气密性检查。

(2) 信号发生器与定位器应连接正确。

**67. 仪表供风系统的巡检**

准备工作：

(1) 正确穿戴劳动保护用品。

(2) 工用具、材料准备：防爆扳手 1 把，防爆一字螺丝刀 1 把，防爆十字螺丝刀 1 把，记录本 1 本，笔 1 支。

操作程序：

(1) 查看仪表风储罐压力指示。

(2) 查看仪表风再生系统工作情况。

(3) 检查仪表露点。

(4) 检查各阀门的正常开关情况。

(5) 检查各系统的仪表风泄漏情况。

(6) 对供风系统及空气过滤器进行排污检查。

操作安全提示：

(1) 按照仪表的巡检项目及巡检路线进行巡检。

（2）操作应符合安全操作规范。

**68. 气动薄膜调节阀的日常维护**

准备工作：

（1）正确穿戴劳动保护用品。

（2）工用具、材料准备：万用表1块，防爆活动扳手2把，尖嘴钳1把，防爆一字螺丝刀1把，防爆十字螺丝刀1把。

操作程序：

（1）调节阀铭牌应清晰无误。

（2）调节阀壳体应清洁、无锈蚀，零部件应完好齐全并规格化。

（3）检查紧固件不得有松动，密封件应无泄漏。

（4）仪表运行正常，符合使用要求。

（5）调节阀阀杆上下动作自如，无卡涩现象。

（6）气源及输入、输出信号正常。

（7）行程与输出信号对应。

（8）定期检查和加油，确保无渗漏和润滑系统的正常工作。

操作安全提示：

按照日常维护要求进行操作。

**69. 拆装运行中的调节阀**

准备工作：

（1）正确穿戴劳动保护用品。

（2）工用具、材料准备：防爆F形扳手1把，防爆套筒扳手1套，防爆活动扳手2把，尖嘴钳1把，防爆一字螺丝刀1把，防爆十字螺丝刀1把。

操作程序：

（1）拆卸。

①打开旁通阀，在流量满足工艺要求的情况下，关闭前后截止阀，降温、泄压。

②当压力降至零时，拆卸调节阀，加装同等压力等级的盲法兰。

(2) 安装。

①拆除盲法兰，将调节阀按操作规程进行安装。

②投运时，先打开调节阀后端截止阀，然后缓慢打开调节阀前端截止阀。

③缓慢关闭旁通阀。

④验漏。

操作安全提示：

按照安全的有关操作规定进行操作。

**70. 电气阀门定位器的更换操作**

准备工作：

(1) 正确穿戴劳动保护用品。

(2) 工用具、材料准备：万用表1块，防爆活动扳手1把，防爆尖嘴钳1把，防爆一字螺丝刀1把，防爆十字螺丝刀1把。

操作程序：

(1) 调节阀断电并确认。

(2) 将原电气阀门定位器拆除，更换新电气阀门定位器。

(3) 将反馈杆安装在阀杆的原位置。

(4) 调节阀上电并确认。

(5) 调整反馈杆，当阀杆位置在50%时，反馈杆与阀杆垂直，将阀门定位器螺栓固定拧紧。

操作安全提示：

输入端正、负极性连接正确。

**71. 调节阀膜片的更换操作**

准备工作：

（1）正确穿戴劳动保护用品。

（2）工用具、材料准备：防爆 F 扳手 1 把，防爆活动扳手 2 把，防爆尖嘴钳 1 把，防爆一字螺丝刀 1 把，防爆十字螺丝刀 1 把，膜片 1 个。

操作程序：

（1）打开旁通阀。

（2）在流量满足工艺要求的情况下，缓慢关闭前后截止阀。

（3）关闭仪表风，拆除仪表风引管。

（4）拆开膜头上阀盖，将损坏膜片进行更换。

（5）盖上阀盖，拧紧螺丝。

操作安全提示：

操作时要注意安全。

**72. 调节阀密封填料的更换**

准备工作：

（1）正确穿戴劳动保护用品。

（2）工用具、材料准备：防爆活动扳手 1 把，防爆尖嘴钳 1 把，防爆一字螺丝刀 1 把，防爆十字螺丝刀 1 把，顶杆 1 根，密封填料若干。

操作程序：

（1）把执行机构推杆和阀杆的连接件拆开。

（2）把执行机构和阀体分开，拆开上阀盖并取出阀芯和阀杆，用顶杆从填料函的底部插入并把旧填料从上阀盖的顶部顶出来。

（3）清洗填料函。

（4）重新装配阀体，把上阀盖装回原处。

（5）把连接阀体和上阀盖的螺栓拧紧。

（6）把新填料环滑装到阀杆上。

（7）安装填料压盖、法兰和填料螺母。

（8）将执行机构和阀体重新安装并拧紧，把阀杆连接件的装好并固定。

操作安全提示：

（1）如果是分离式填料，应一圈一圈地安装，用压具压紧，使其均匀，切口要错位，按90°错位或90°和120°交错使用都行。

（2）不能用装阀芯的阀杆去顶，因为操作时容易损坏螺纹。

**73. 普通调节阀的行程调整**

准备工作：

（1）正确穿戴劳动保护用品。

（2）工用具、材料准备：万用表1块，防爆呆扳手2把，防爆尖嘴钳1把，防爆剥线钳1把，防爆一字螺丝刀1把，防爆十字螺丝刀1把，信号发生器1台。

操作程序：

（1）电、气线路的连接。

（2）调校步骤。

①0位置调整：用信号发生器输入4mA电流信号，调节阀位置为0。

②如不正确，调整定位器的调零螺钉，直至阀位置为0为止。

③100%位置调整：用信号发生器输入电流信号20mA DC，调节阀位置为100%。

④如不正确，调整定位器的量程螺钉，直至阀位置为100%为止。

⑤重复以上操作，直到0、100%位置符合要求。

(3) 线性度的检查。

①用信号发生器输入信号为4mA、8mA、12mA、16mA、20mA，观察调节阀的位置是否在0、25%、50%、75%、100%之间变化。

②用信号发生器输入信号为20mA、16mA、12mA、8mA、4mA，观察调节阀的位置是否在100%、75%、50%、25%、0之间变化。

③回收工具，清理现场。

操作安全提示：

气路连接不应有泄漏，电路连接注意信号源的正、负极性。

**74. 气动球阀的更换**

准备工作：

(1) 正确穿戴劳动保护用品。

(2) 工用具、材料准备：防爆活动扳手1把，尖嘴钳1把，防爆螺丝刀1把，防爆撬棍1根，割管器1把，气动球阀1台，垫片若干。

操作程序：

(1) 与工艺操作人员配合，停运需更换的气动球阀。

(2) 拆除需更换的气动球阀。

(3) 取掉新气动球阀法兰两端的保护盖，在阀完全打开的状态下先进行冲洗清洁。

(4) 对新气动球阀进行整机测试。

(5) 冲洗和清除干净管道中残存的杂质。

(6) 将测试合格的气动球阀与管道连接。

(7) 调试投用气动球阀。

(8) 回收工具，清理现场。

操作安全提示：

不要用阀的执行机构部分作为起重的吊装点，以避免损坏执行机构及附件。

**75. 球阀解体与组装的操作**

准备工作：

(1) 正确穿戴劳动保护用品。

(2) 工用具、材料准备：防爆活动扳手2把，防爆尖嘴钳1把，防爆螺丝刀1把，防爆撬棍1根，垫圈若干，填料若干。

操作程序：

(1) 拆卸。

①拆卸驱动装置-执行机构。

②将阀盖与阀体分离，并拿掉阀盖垫圈。

③将球阀调整到关闭位置，取出阀座。

④轻推阀杆直到完全取出。

⑤取出O形密封圈及阀杆下填料。

(2) 组装。

①清洗和检查拆下配件。

②更换已损配件。

③按拆卸的相反顺序进行组装。

安全操作提示：

谨慎操作，以避免擦伤阀杆表面及阀体填料函密封部位。

**76. 气液联动执行器的日常检修保养**

准备工作：

(1) 正确穿戴劳动保护用品。

（2）工用具、材料准备：防爆活动扳手1把，防爆螺丝刀1把，肥皂水、抹布若干。

操作程序：

（1）检查执行器各连接点有无漏气或漏液压油。

（2）检查执行器底部有无凝液积存。

（3）检查动力气罐压力，正常情况下应与管道压力基本相同。

（4）检查各引压管、截止阀完好，无泄漏、无振动、无腐蚀。

（5）检查所有连接件无松动。

（6）检查各指示仪表工作正常，准确度在允许范围内。

安全操作提示：

检查周期按设备管理要求确定，按操作规程进行检查。

**77. 加热炉多火嘴燃烧器启动过程**

准备工作：

（1）正确穿戴劳动保护用品。

（2）工用具、材料准备：螺丝刀1把、防爆活动扳手1把。

操作程序：

（1）按下启动按钮后，风机开始进行启机吹扫，调风档板50%开度。

（2）吹扫结束后，关闭调风档板。

（3）关闭放空电磁阀。

（4）启动点火变压器。

（5）打开快速切断阀。

（6）点燃点火枪，进行火焰检测。

（7）当检测到火焰时，风阀打开至点火位，气阀打开至点火位，主燃料气进入主管线，燃烧器主火焰点燃。

安全操作提示：

按照操作步骤执行，在上述过程中，任意一步未完成，均不会点火成功。

**78. 能量滑阀位置调校的操作（上海韦尔特）**

准备工作：

（1）正确穿戴劳动保护用品。

（2）工用具、材料准备：防爆螺丝刀1把。

操作程序：

（1）在菜单屏幕触摸“滑阀校准”按钮，屏幕打开能量滑阀位置校准页面（标定必须在运行前完成）。

（2）标定工作必须分两步进行（传感器、电脑显示）：

按“油泵”按钮启动油泵，按“调整”按钮出现调整操作按钮。使用“+”“-”按钮，使滑阀移动，可以不理会能量滑阀的显示位置。

（3）标定传感器。

①标定前至少通电5min，打开校准按钮盖，按一下标定按钮使红色LED灯正常闪烁，（从休眠状态转成活动状态）。

②按标定按钮5s，使变送器进入标定模式，使红色LED灯由正常的闪烁变成关闭。

③移动滑阀在最小负荷位置（0）。

④利用滑阀在最小负荷位置，按一下标定按钮。

⑤红色LED灯亮，等待红色LED灯变成关闭。

⑥移动滑阀到满载/最大负荷位置（100%）。

⑦利用滑阀在满载/最大负荷位置，按两下标定按钮。

⑧红色 LED 快速闪烁，当红色 LED 变成正常闪烁时校准结束。

⑨为了节约电源，红色 LED 灯在 5min 后自动关闭。

⑩盖上按钮盖。

（4）标定电脑显示。

①利用滑阀在满载/最大负荷位置，按“设滑阀现在位置为 100%”按钮。

②移动滑阀到最小负荷位置，按“设滑阀现在位置为 0”按钮。

③注意“设位置”的按钮必须按下并保持 2s 以上才有效。

④标定结束。

（5）再次移动滑阀，可以看到 Cap 滑块随着数值的变化而移动。

（6）按“调整”按钮关闭调整，再按“油泵”按钮停止油泵，校准结束。

安全操作提示：

按照操作步骤执行标定。

**79. 可燃性、有毒性气体检测报警器检查**

准备工作：

（1）正确穿戴劳动保护用品。

（2）工用具、材料准备：防爆扳手 1 把、防爆螺丝刀 1 把、万用表 1 块。

操作程序：

（1）检查仪表电源、报警、故障指示灯显示是否正常。

（2）按试验按钮，检查报警回路是否正常。

（3）检查报警显示器是否正常。

操作安全提示：

巡回检查中发现不能处理的故障应及时报告，发现危及仪表安全运行的情况，应采取紧急措施，并通知工艺人员。

**80. 仪表三阀组的操作**

准备工作：

(1) 正确穿戴劳动保护用品。

(2) 工用具、材料准备：防爆扳手1把。

操作程序：

(1) 三阀组的启动顺序：打开正压阀，关闭平衡阀、打开负压阀。

(2) 三阀组的停运顺序：关闭负压阀，打开平衡阀，关闭正压阀。

操作安全提示：

不能让导压管内的凝结水或隔离液流失；不可使测量元件（膜盒或波纹管）单向受压。

**81. 仪表五阀组的操作**

准备工作：

(1) 正确穿戴劳动保护用品。

(2) 工用具、材料准备：防爆活动扳手1把。

操作程序：

(1) 起运：关闭正压放空阀→打开正压阀→关闭平衡阀→关闭负压放空阀→打开负压阀。

(2) 停运：关闭负压阀→打开负压放空阀→打开平衡阀→关闭正压阀→打开正压放空阀。

操作安全提示：

(1) 不能让导压管内的凝结水或隔离液流失。

（2）不可使测量元件（膜盒或波纹管）单向受压。

## 二、常见故障判断与处理

**1. 热电偶热电势值故障有什么现象？故障原因是什么？如何处理？**

故障现象1：

热电偶热电势值偏低。

故障原因1：

（1）热电极短路。

（2）热电偶的接线柱处积灰，造成短路。

（3）补偿导线线间短路。

（4）热电偶热电极变质或热端损坏。

（5）补偿导线与热电偶极性接反。

（6）补偿导线与热电偶不配套。

（7）热电偶安装位置不当或插入深度不符合要求。

（8）热电偶冷端温度补偿不符合要求。

（9）热电偶与显示仪表不配套。

处理方法1：

（1）找出短路原因，如因潮湿所致，则需进行干燥；如因绝缘子损坏所致，则需更换绝缘子。

（2）清扫接线柱处积灰。

（3）找出短路点，加强绝缘或更换补偿导线。

（4）在热电极长度允许的情况下，剪去变质段重新焊接，或更换新热电偶。

（5）将补偿导线与热电偶极性正确连接。

（6）更换与热电偶配套的补偿导线。

(7) 按规定正确调整热电偶的安装位置；热电偶重新安装，使热电偶的插入深度达到标准要求。

(8) 将热电偶冷端补偿调整准确。

(9) 更换热电偶及补偿导线或显示仪表，使之配套。

故障现象2：

热电偶热电势值偏高。

故障原因2：

(1) 热电偶与显示仪表不配套。

(2) 补偿导线与热电偶不配套。

(3) 有直流干扰信号进入。

处理方法2：

(1) 更换热电偶及补偿导线或显示仪表，使之配套。

(2) 更换与热电偶配套的补偿导线。

(3) 消除直流信号的干扰。

故障现象3：

热电偶热电势值输出不稳定。

故障原因3：

(1) 热电偶接线柱与热电极接触不良。

(2) 热电偶测量线路绝缘破损，引起断续短路或接地。

(3) 热电偶安装不牢或外部振动。

(4) 热电极将断未断。

(5) 外界干扰（交流漏电、电磁场感应等）。

处理方法3：

(1) 拧紧接线柱螺钉，使热电极与接线柱之间连接牢固。

(2) 找出故障点，修复绝缘。

(3) 紧固热电偶，消除振动或采取减振措施。

(4) 修复或更换热电偶。

(5) 查出干扰源，采取屏蔽措施。

故障现象 4：

热电偶热电势值误差大。

故障原因 4：

(1) 热电极变质。

(2) 热电偶安装位置不当。

(3) 保护管表面积灰。

处理方法 4：

(1) 更换热电极。

(2) 按标准重新调整热电偶的安装位置。

(3) 清除积灰。

**2. 热电阻阻值故障有什么现象？故障原因是什么？如何处理？**

故障现象 1：

热电阻阻值偏低。

故障原因 1：

(1) 热电阻内部局部短路。

(2) 热电阻绝缘能力降低。

处理方法 1：

(1) 更换热电阻。

(2) 清洗、烘干。

故障现象 2：

热电阻阻值偏高或无穷大。

故障原因 2：

(1) 热电阻接线端子接触不良。

(2) 热电阻内部或引线断路。

处理方法2：

(1) 拧紧接线端子，使热电阻与接线端子之间连接牢固。

(2) 更换热电阻的电阻体。

故障现象3：

热电阻示值不稳定。

故障原因3：

(1) 热电阻接线端子接触不良。

(2) 热电阻绝缘能力降低。

处理方法3：

(1) 拧紧接线端子，使热电阻与接线端子之间连接牢固。

(2) 清洗、烘干。

**3. 压缩机组热电偶测温回路显示故障有什么现象？故障原因是什么？如何处理？**

故障现象1：

压缩机组热电偶测温回路显示低于实际温度。

故障原因1：

(1) 热电偶两极之间短路，形成新的热接点，测温系统温度显示值为短路位置的温度值。

(2) 安装时不注意，造成热电偶补偿导线短路或因热电偶接线端子不干净而短路。

(3) 接线端子接触不良，造成接触电阻增大，热电势值降低。

(4) 测温系统绝缘不好。

(5) 热电偶电极材料变质或损坏。

(6) 补偿导线与热电偶之间连接极性接反。

(7) 线路电阻不准确。

(8) 热电偶探头安装不牢，掉出检测口外部。

处理方法1：

（1）将热电偶拆下，更换热电偶。

（2）查出热电偶补偿导线短路位置，将热电偶接线端子处理干净，排除短路故障。

（3）检查每个连接点，查出连接松动位置进行处理，排除接线松动故障。

（4）查找出故障点，做好绝缘处理。

（5）更换热电偶。

（6）确保安装热电偶与补偿导线之间接线极性正确。

（7）根据热电偶冷端环境温度值正确配置线路电阻。

（8）将热电偶探头牢固安装在检测口内。

故障现象2：

压缩机组热电偶测温回路显示最大或上下波动。

故障原因2：

（1）热电偶电极长期受热，造成热电偶电极材料变质。

（2）长期受振动影响接线松动，温度显示值上下波动。

（3）热电偶或补偿导线绝缘不好，局部有断续接地。

（4）热电极将断未断。

（5）外界干扰（交流漏电、电磁场感应等）。

处理方法2：

（1）更换热电偶。

（2）查找出接线端子的松动位置，拧紧接线端子排除故障。

（3）更换热电偶，查找出补偿导线接地部位，做好绝缘处理排除接地故障。

（4）更换热电偶。

（5）查出干扰源，采取屏蔽措施。

**4. 压缩机组热电阻测温回路显示故障有什么现象？故障原因是什么？如何处理？**

故障现象1：

压缩机组热电阻测温回路显示值上下波动。

故障原因1：

(1) 长期受振动影响使接线端子松动。

(2) 热电阻或连接导线绝缘能力降低，局部断续接地。

处理方法1：

(1) 查出接线松动端子，进行紧固处理。

(2) 更换热电阻，查出连接导线接地部位做好绝缘处理，排除接地故障。

故障现象2：

压缩机组热电阻测温回路显示最大或不动。

故障原因2：

(1) 接线端子接触不良。

(2) 热电阻或导线断路。

处理方法2：

(1) 查出松动的接线端子，将松动的接线端子拧紧。

(2) 更换热电阻，查找出导线断路部位并连接牢固，做好绝缘。

故障现象3：

压缩机组热电阻测温回路显示负温度。

故障原因3：

(1) 热电阻或连接导线短路。

(2) 热电阻接线错误。

处理方法3：

(1) 更换热电阻，查出连接导线短路部位进行修复并

做好绝缘。

（2）正确进行热电阻接线。

**5. 温度变送器输出故障有什么现象？故障原因是什么？如何处理？**

故障现象1：

温度变送器无输出值。

故障原因1：

（1）变送器供电电源极性接反。

（2）变送器无电源。

处理方法1：

（1）将电源极性正确连接。

（2）检查回路是否断线，仪表是否选取错误（输入阻抗应为250Ω）。

故障现象2：

温度变送器输出值不小于20mA DC。

故障原因2：

（1）智能温度变送（热电阻三线制），当输入热阻开路恢复后，由于变送器具有记忆功能，使其输出仍为最大。

（2）实际温度超过变送器量程。

（3）热电阻或热电偶断线。

处理方法2：

（1）把热电阻温度变送器断电，再重新送电即可解决。

（2）重新选用适当量程的温度变送器。

（3）更换热电阻或热电偶。

故障现象3：

温度变送器输出值不大于4mA DC。

故障原因3：

(1) 实际温度低于变送器量程下限值。

(2) 铂电阻三线制接线错误。

处理方法3：

(1) 重新选用适当量程的温度变送器。

(2) 正确进行铂电阻接线。

故障现象4：

温度变送器输出精度不符合要求。

故障原因4：

(1) 热电偶温度变送器冷端温度补偿不准。

(2) 热电阻温度变送器引线电阻补偿线断路。

处理方法4：

(1) 根据热电偶型号，调整冷端温度补偿电路阻值。

(2) 查出补偿导线断路位置，进行有效连接及绝缘处理。

**6. 温度变送器指示温度故障有什么现象？故障原因是什么？如何处理？**

故障现象：

温度变送器指示温度不正确。

故障原因：

(1) 温度指示仪表的量程与温度变送器的量程不一致。

(2) 温度指示仪表的输入接线错误。

(3) 热电阻或热电偶绝缘不良。

处理方法：

(1) 将温度指示仪表的量程与温度变送器的量程调校一致。

(2) 正确连接温度指示仪表的输入接线。

（3）对热电阻或热电偶进行绝缘处理。

**7. 压力变送器输出故障有什么现象？故障原因有哪些？如何处理？**

故障现象1：

压力变送器无输出值。

故障原因1：

（1）供电电源故障。

（2）变送器输出接线断路。

（3）变送器测试二极管故障。

（4）变送器连接插件接触不良。

（5）变送器故障。

处理方法1：

（1）检查处理电源故障。

（2）查出接线断路位置，重新连接并做好绝缘处理。

（3）关闭变送器供电电源，更换测试二极管。

（4）关闭变送器供电电源，拆下变送器后侧安全保护盖及电路板，将连接插件插牢。

（5）关闭变送器供电电源及一次引压阀门，泄压后更换变送器。

故障现象2：

压力变送器输出值过大。

故障原因2：

（1）变送器量程低于被测系统压力值。

（2）变送器故障。

处理方法2：

（1）关闭一次引压阀门，根据工况要求，用标准仪器对变送器量程进行修正，调校合格后再使用，变送器量程调校达不到需要量程时，需更换变送器。

(2) 关闭变送器供电电源及一次引压阀门，泄压后更换变送器。

故障现象3：

压力变送器输出值过小。

故障原因3：

(1) 导压管堵塞或接头泄漏。

(2) 一次引压阀门关闭。

(3) 变送器排污阀泄漏。

(4) 变送器故障。

处理方法3：

(1) 关闭一次引压阀门、泄压，拆下导压管清除堵塞物，用防爆扳手拧紧导压管接头。

(2) 打开一次引压阀门。

(3) 关闭一次引压阀门，泄压后更换变送器排污阀。

(4) 关闭变送器供电电源及一次引压阀门，泄压后更换变送器。

故障现象4：

压力变送器输出值不稳定。

故障原因4：

(1) 变送器输出回路，接线有断续短路、断路和接地故障。

(2) 变送器连接插件虚接故障。

(3) 变送器故障。

(4) 被测介质系统压力波动。

处理方法4：

(1) 查出变送器输出回路故障点，排除短路、断路和

接地故障并做好绝缘处理。

（2）关闭变送器供电电源，拆下变送器后侧安全保护盖及电路板，将连接插件插牢。

（3）关闭变送器供电电源及一次引压阀门，泄压后更换变送器。

（4）拆下变送器后侧安全保护盖，调整变送器阻尼时间。

**8. 压力变送器指示故障有什么现象？故障原因是什么？如何处理？**

故障现象：

压力变送器指示值不正确。

故障原因：

（1）一次引压阀堵塞，系统压力进不来，测量压力为导压管内的余压。

（2）导压管接头泄漏严重。

（3）变送器不准，误差太大。

处理方法：

（1）关闭一次引压阀，泄压后拆除导压管，用铁丝捅通一次引压阀。

（2）关闭一次引压阀，泄压后用防爆扳手拧紧导压管接头。

（3）关闭一次引压阀，泄压后用标准仪器对变送器进行调校合格后再使用。

**9. 智能压力变送器常见故障有什么现象？故障原因是什么？如何处理？**

故障现象1：

智能压力变送器输出指示表读数为零。

故障原因1：

（1）引压管路堵死，变送器测压室没有信号压力。

(2) 变送器测量膜盒敏感组件不随信号压力变化。

(3) 变送器的检测部件与转换部件连接电缆折断。

处理方法1：

(1) 关闭一次引压阀，泄压后拆下导压管清除堵塞物，使变送器测压室压力信号畅通。

(2) 关闭变送器供电电源及一次引压阀，泄压后更换变送器。

(3) 关闭变送器供电电源，拧开带显示窗的表盖，卸下输出表头，更换新的连接电缆或返厂维修。

故障现象2：

智能压力变送器不能正常通信。

故障原因2：

(1) 供电电源故障。

(2) 变送器通信线路短路、断路及接地故障。

(3) 变送器供电电源极性接反。

(4) 变送器故障。

处理方法2：

(1) 检查处理电源故障。

(2) 查出通信线路短路、断路及接地故障点，进行排除处理并做好绝缘。

(3) 调换变送器供电电源极性，正确连接。

(4) 关闭变送器供电电源及一次引压阀，泄压后更换变送器。

故障现象3：

智能压力变送器读数不稳定。

故障原因3：

(1) 变送器输出回路接线有断续短路、断路和接地

故障。

（2）变送器的检测部件与转换部件连接电缆插头虚接故障。

（3）变送器故障。

（4）被测介质系统压力波动。

处理方法3：

（1）查出输出回路故障点，排除短路、断路和接地故障并做好绝缘。

（2）关闭变送器供电电源，拧开带显示窗的表盖，卸下输出表头，将连接电缆插头插牢。

（3）关闭变送器供电电源及一次引压阀，泄压后更换变送器。

（4）用手持通信器调整变送器的阻尼时间，使输出值保持稳定。

故障现象4：

智能压力变送器仪表读数不准。

故障原因4：

（1）一次引压阀堵塞，系统压力进不来，所测压力为导压管内的余压。

（2）导压管接头泄漏严重。

（3）变送器不准，误差太大。

处理方法4：

（1）关闭一次引压阀，泄压后拆去导压管，用铁丝捅通一次引压阀。

（2）关闭一次引压阀，用防爆扳手拧紧导压管接头。

（3）关闭一次引压阀，用手持通信器对变送器进行调校合格后再使用。

故障现象5：

智能压力变送器无输出反应。

故障原因5：

(1) 供电电源故障。

(2) 变送器输出接线断路故障。

(3) 变送器故障。

处理方法5：

(1) 检查处理电源故障。

(2) 查出接线断路位置，重新连接并做好绝缘处理。

(3) 关闭变送器供电电源及一次引压阀，泄压后更换变送器。

**10. 弹簧管式压力表指示故障有什么现象？故障原因是什么？如何处理？**

故障现象1：

弹簧管式压力表无指示。

故障原因1：

(1) 测量压力截止阀未打开。

(2) 密封垫圈将引压接头堵塞。

处理方法1：

(1) 将截止阀打开。

(2) 关闭截止阀，泄压后拆下弹簧管式压力表，疏通后再装上。

故障现象2：

弹簧管式压力表指示不稳定。

故障原因2：

(1) 引压管路稍有堵塞。

(2) 指针与表盘或玻璃面罩摩擦。

处理方法2：

（1）关闭截止阀，泄压后拆下弹簧管式压力表，排除堵塞现象。

（2）关闭截止阀，泄压后拆下弹簧管式压力表，打开表盘，调整好仪表指针，校验合格后安装，排除摩擦现象。

**11. 手持通信器和智能变送器通信故障有什么现象？故障原因是什么？如何处理？**

故障现象：

手持通信器和智能变送器不能通信。

故障原因：

（1）通信电缆没有接好。

（2）连接电缆位置不对。

（3）变送器存在问题。

处理方法：

（1）需要检查手持通信器和变送器间的连接电缆是否连接牢固，插头是否插到底，夹子或固定螺钉有无松动，确保接触良好。

（2）手持通信器和变送器相连接时，可以连在负载电阻的两端或变送器接线端子的两端，但是不能连在电源的两端。因为电源是低阻抗的，内阻很小，可以看作是短路。负载电阻应不小于250Ω，否则仍得不到足够幅度的信号；但也不能太大，应保证变送器有足够的工作电压。

（3）在进行了（1）、（2）两项工作后，如通信器和变送器仍不能通信，可能变送器存在问题。这时需要检查变送器电源极性是否接反，或找一台好的变送器和通信器相连，如果能通信，则说明原先的变送器确实存在问题，或者是非智能的。

**12. HART 手操器常见故障有什么现象？故障原因是什么？如何处理？**

故障现象 1：

通信时断时续。

故障原因 1：

（1）现场设备终端处回路电流和电压不足。

（2）现场回路噪声干扰。

（3）来自控制系统的噪声或信号失真。

处理方法 1：

（1）在回路中串接额外的 250Ω 电阻，将手操器通过电阻连接，确认通信是否已经恢复。

（2）确认现场屏蔽线仅仅是一根接地。

（3）断开现场接线，在回路中串接 250Ω 电阻器并更换供电电源，然后回路上电，确认通信是否恢复正常，如果是，则使用示波器检查控制系统中可能的噪声或信号失真。

故障现象 2：

与现场设备无通信。

故障原因 2：

（1）HART 频率点的回路阻抗不够。

（2）现场设备接线端的回路电流和电压不足。

（3）现场设备可能将 HART 地址设为非 0（多节点模式）。

处理方法 2：

（1）在回路中串接额外的 250Ω 电阻，将手操器通过电

阻连接，确认通信是否已经恢复。

（2）确认在现场设备接线端至少有 4mA 电流和 12V 电压。

（3）将手操器模式设置为数字轮询。

故障现象 3：

控制系统可进行 HART 通信，但手操器通信不完全。

故障原因 3：

与 HART 手操器的 HART 通信被控制系统所禁止。

处理方法 3：

停止控制系统的 HART 通信，然后确认手操器与现场设备之间的通信是否恢复正常。

故障现象 4：

电池包没有充电。

故障原因 4：

电池包超过正常范围未充电。

处理方法 4：

卸下电池包充电。

**13. 用 HART275 给变送器编程无法通信的故障是什么原因造成的？如何处理？**

故障现象：

用 HART275 给变送器编程无法通信。

故障原因：

（1）HART 与变送器通信接线错误。

（2）没有串接 250Ω 电阻。

（3）变送器不支持 HART 协议。

处理方法：

（1）正确连接 HART 与变送器通信线。

（2）在回路中串入250~600Ω之间的电阻。

（3）仪表不支持HART通信，更换仪表。

**14. 差压变送器投运后指示异常有什么现象？故障原因是什么？如何处理？**

故障现象1：

变送器投运后输出总是最大。

故障原因1：

（1）负导压管可能存在泄漏、堵塞或截止阀未开，气体导压管内可能有液体，液体导压管内可能有气休；变送器压力容室内可能有沉积物。

（2）变送器的传感器插件接触处不够清洁。

（3）变送器电路板有故障。

（4）控制室电源的输出可能不符合所需的电压值。

（5）变送器损坏。

处理方法1：

（1）检查负导压回路，并处理问题。

（2）保证变送器的传感器接插件接触处清洁，检查8号插针是否可靠接表壳地。

（3）用备用电路板代换检查、判断有故障的电路板及更换有故障的电路板。

（4）用合格的电源为差压变送器供电。

（5）更换变送器。

故障现象2：

变送器投运后输出总是最小。

故障原因2：

变送器正压侧过滤网堵塞，当开表时，正压侧膜片处压力尚未建立起来，一旦正负侧迅速引入介质压力，膜盒两端

压差太大，必然击穿膜片，导致膜盒损坏。

处理方法2：

关闭变送器供电电源，关闭变送器正、负压侧引压阀门，泄压后更换变送器。

**15. 双法兰式差压变送器指示不正常有什么现象？故障原因是什么？如何处理？**

故障现象：

双法兰式差压变送器指示最大或最小。

故障原因：

（1）高、低压侧膜片、毛细管损坏或封入液泄漏。

（2）高、低压侧引压阀没打开。

（3）高、低压侧引压管堵塞。

处理方法：

（1）更换仪表。

（2）打开引压阀。

（3）疏通引压管。

**16. 电动浮球液位计工作不正常有什么现象？故障原因是什么？如何处理？**

故障现象：

有一个电动浮球液位计，液位有变化，但无输出。

故障原因：

（1）变送器损坏。

（2）电源故障或信号线接触不良。

处理方法：

（1）更换变送器。

（2）排除电源或信号线故障。

**17. 磁翻板液位计浮子破裂有什么现象？故障原因是什么？如何处理？**

故障现象：

(1) 停留在某一点上，液位不发生变化。

(2) 实际液位与显示的液位不符。

故障原因：

(1) 浮子破裂变形卡在液位计某一点。

(2) 浮子破裂时，由于介质进入浮子中，浮子浮力改变，造成假液位。

处理方法：

更换浮子或液位计。

**18. 浮筒液位计浮子被卡住有什么现象？故障原因是什么？如何处理？**

故障现象：

浮筒液位计变送器测量指示不变化。

故障原因：

浮筒表面有污物，当浮筒被卡死之后，则不会再有位移变化，所以变送器测量信号也就固定在卡死时的液位上，一直不变化。

处理方法：

清洗洁净浮筒，装回后投运液位计，液位变送器恢复正常工作。

**19. 雷达液位计石英晶体上沾上脏物后有什么现象？故障原因是什么？如何处理？**

故障现象：

雷达液位计在使用时，仪表输出总是在最大值。

故障原因：

石英晶体上沾上物料或脏物，需要及时清洗。

处理方法：

（1）关掉球阀，拆下罩子法兰和石英窗法兰，用绸布蘸酒精、汽油等溶剂擦拭石英表面，不可用碱性溶剂擦洗，最后要将石英玻璃擦拭干净。

（2）在清洗过程中，不要拆开石英固定螺钉，不要用金属钳子，以免损坏石英表面的涂层，安装石英窗法兰时，石墨不锈钢缠绕垫圈要按工厂要求更换新的。

**20. 超声波液位计液位显示不正常有什么现象？故障原因是什么？如何处理？**

故障现象：

超声波液位计在运行过程中出现没有液位显示或显示时有时无的现象。

故障原因：

（1）超声波液位计接线不牢固，电源电压不符合要求。

（2）液面和超声波换能器（即探头）间有障碍物阻断声波的发射与接收。

（3）液面变化太快，表面有气泡。

（4）液位计探头倾斜，则回波偏离法线使仪表无法收到。

（5）仪表安装架振动。

（6）没有液面或液面太高进入盲区，致使仪表没有回波信号。

处理方法：

（1）确保接线牢固且电源电压在工作范围之内。

（2）清除障碍物。

（3）平稳液面，消除气泡。

(4) 按要求安装探头。

(5) 加固仪表安装架，避免振动。

(6) 调整仪表工作范围，避开仪表的工作盲区。

**21. 磁致伸缩液位计磁性浮子上沾有污物有什么现象？故障原因是什么？如何处理？**

故障现象：

浮子难以浮起或浮子移动不灵活。

故障原因：

磁性浮子上沾有铁屑或其他污物。

处理方法：

消除磁性浮子上沾有的铁屑或其他污物即可。

**22. 玻璃板液位计顶部接头处渗漏有什么现象？故障原因是什么？如何处理？**

故障现象：

液位计指示值偏高。

故障原因：

接头渗漏会造成玻璃板液位计气相压力偏低，液面相对就上升。

处理方法：

将顶部接头拧紧。

**23. 旋进旋涡流量计常见故障现象有哪些？故障原因是什么？如何处理？**

故障现象：

(1) 运行过程中计量值和实际流量值不符。

(2) 流量计无显示。

(3) 无流量时流量计有计数。

(4) 流量计有计量但无信号输出。

故障原因：

石英晶体上沾上物料或脏物，需要及时清洗。

处理方法：

（1）关掉球阀，拆下罩子法兰和石英窗法兰，用绸布蘸酒精、汽油等溶剂擦拭石英表面，不可用碱性溶剂擦洗，最后要将石英玻璃擦拭干净。

（2）在清洗过程中，不要拆开石英固定螺钉，不要用金属钳子，以免损坏石英表面的涂层，安装石英窗法兰时，石墨不锈钢缠绕垫圈要按工厂要求更换新的。

**20. 超声波液位计液位显示不正常有什么现象？故障原因是什么？如何处理？**

故障现象：

超声波液位计在运行过程中出现没有液位显示或显示时有时无的现象。

故障原因：

（1）超声波液位计接线不牢固，电源电压不符合要求。

（2）液面和超声波换能器（即探头）间有障碍物阻断声波的发射与接收。

（3）液面变化太快，表面有气泡。

（4）液位计探头倾斜，则回波偏离法线使仪表无法收到。

（5）仪表安装架振动。

（6）没有液面或液面太高进入盲区，致使仪表没有回波信号。

处理方法：

（1）确保接线牢固且电源电压在工作范围之内。

（2）清除障碍物。

（3）平稳液面，消除气泡。

（4）按要求安装探头。

（5）加固仪表安装架，避免振动。

（6）调整仪表工作范围，避开仪表的工作盲区。

**21. 磁致伸缩液位计磁性浮子上沾有污物有什么现象？故障原因是什么？如何处理？**

故障现象：

浮子难以浮起或浮子移动不灵活。

故障原因：

磁性浮子上沾有铁屑或其他污物。

处理方法：

消除磁性浮子上沾有的铁屑或其他污物即可。

**22. 玻璃板液位计顶部接头处渗漏有什么现象？故障原因是什么？如何处理？**

故障现象：

液位计指示值偏高。

故障原因：

接头渗漏会造成玻璃板液位计气相压力偏低，液面相对就上升。

处理方法：

将顶部接头拧紧。

**23. 旋进旋涡流量计常见故障现象有哪些？故障原因是什么？如何处理？**

故障现象：

（1）运行过程中计量值和实际流量值不符。

（2）流量计无显示。

（3）无流量时流量计有计数。

（4）流量计有计量但无信号输出。

故障原因：

（1）介质流量超量程或流量计损坏。

（2）电池无电或环境温度过低。

（3）外接电源不稳、连线接触不良。

（4）信号传输模块损坏。

处理方法：

（1）调节介质流量使其满足要求，更换流量计。

（2）更换电池，采取保温措施。

（3）维修外接电源，检查线路。

（4）维修或更换信号传输模块。

**24. 高级孔板阀启闭滑阀或提升孔板时发生跳齿故障的现象是什么？故障原因是什么？如何处理？**

故障现象：

导板有卡滞或导板无法提出。

故障原因：

孔板操作不正确或机件损坏。

处理方法：

（1）保持上下腔压力平衡，缓慢正、反向旋转齿轮轴至齿轮啮合正常。

（2）啮合错齿卡死，应停输分解检查，如机件损坏必须更换。

**25. 差压式流量计指示故障有什么现象？故障原因是什么？如何处理？**

故障现象1：

指示零或移动很小。

故障原因1：

（1）平衡阀未全部关闭或泄漏。

(2) 节流装置根部高低压阀未打开。

(3) 节流装置至差压计间阀门、管路堵塞。

(4) 蒸汽导压管未完全冷凝。

(5) 节流装置和工艺管道间衬垫不严密。

(6) 差压计内部故障。

处理方法1：

(1) 关闭平衡阀，修理或换新。

(2) 打开节流装置根部高低压阀。

(3) 冲洗管路，修复或换阀。

(4) 待完全冷凝后开表。

(5) 拧紧螺栓或换垫。

(6) 检查、修复差压计内部故障。

故障现象2：

指示在零以下。

故障原因2：

(1) 高低压管路反接。

(2) 信号线路反接。

(3) 高压侧管路严重泄漏或破裂。

处理方法2：

(1) 检查并正确连接好高低压管路。

(2) 检查并正确连接好信号线路。

(3) 更换高压侧管路配件或更换管道。

故障现象3：

指示偏低。

故障原因3：

(1) 高压侧管路不严密。

(2) 平衡阀不严或未关紧。

(3) 高压侧管路中空气未排净。

(4) 差压计或二次仪表零位失调或变位。

(5) 节流装置和差压计不配套，不符合设计规定。

处理方法3：

(1) 检查高压侧管路，排除泄漏。

(2) 检查平衡阀不严或未关紧情况，关闭或修理。

(3) 将高压侧管路中的空气排净。

(4) 检查并调整差压计或二次仪表零位。

(5) 按照设计规定更换配套的差压计。

故障现象4：

指示偏高。

故障原因4：

(1) 低压侧管路不严密。

(2) 低压侧管路积存空气。

(3) 差压计零位漂移。

(4) 节流装置和差压计不配套，不符合设计规定。

处理方法4：

(1) 检查并排除低压侧管路泄漏情况。

(2) 排净低压侧管路积存空气。

(3) 检查并调整差压计零位。

(4) 按照设计规定更换配套的差压计。

故障现象5：

指示超出标尺上限。

故障原因5：

(1) 实际流量超过设计值。

(2) 低压侧管路严重泄漏。

处理方法5：

(1) 换用合适范围的差压计。

(2) 排除低压侧管路泄漏。

故障现象6：

流量变化时指示变化迟钝。

故障原因6：

(1) 连接管路机阀门有堵塞。

(2) 差压计内部有故障。

处理方法6：

(1) 冲洗管路，疏通阀门。

(2) 检查并排除差压计内部故障。

故障现象7：

指示波动大。

故障原因7：

(1) 流量参数本身波动太大。

(2) 测压元件对参数波动较敏感。

处理方法7：

(1) 适当关小高低压阀。

(2) 适当调整阻尼作用。

故障现象8：

指示不动。

故障原因8：

(1) 防冻设施失效，差压计及导压管内液压冻住。

(2) 高低压阀未打开。

处理方法8：

(1) 加强防冻设施的效果。

(2) 打开高低压阀。

**26. 电磁流量计仪表指示故障有什么现象？故障原因是什么？如何处理？**

故障现象1：

指示在负方向超量程。

故障原因1：

（1）回路开路，端子松动或电源断路。

（2）测量管线内无被测介质。

（3）电极被绝缘物盖住。

处理方法1：

（1）检查接线端子和电源。

（2）检查管线有无介质，使管线充满工艺介质。

（3）清洗电极。

故障现象2：

指示出现尖峰。

故障原因2：

（1）在液体中含有高导电物质。

（2）电极有脏污物。

处理方法2：

（1）使用5s衰减或更大。

（2）清洗电极。

故障现象3：

指示无规律变化。

故障原因3：

（1）电极完全被绝缘。

（2）液体流量脉动大。

（3）电极泄漏液体，检测器受潮使电极和地之间绝缘变低。

处理方法3：

(1) 清洗电极。

(2) 加大阻尼。

(3) 拆卸清洗电极，并使电极干燥。

**27. 涡街流量计显示故障有什么现象？故障原因是什么？应如何处理？**

故障现象1：

显示屏黑屏。

故障原因1：

(1) 仪表电源插头接触不好。

(2) 熔断丝烧坏。

处理方法1：

(1) 重新插好仪表电源插头。

(2) 更换熔断丝。

故障现象2：

瞬时显示无指示。

故障原因2：

(1) 显示仪表断线或损坏。

(2) F/I变送单元故障。

(3) 旋涡变送器无输出信号。

处理方法2：

(1) 更换相同备件。

(2) 检修更换F/I变送单元。

(3) 检修或更换变送器。

故障现象3：

流量累积不计数。

故障原因3：

（1）流量累积计数器故障。

（2）计数器线圈断开。

（3）系数设定和编程器组件电路故障。

（4）显示仪表前面的组件电路故障。

（5）旋涡变送器无输出。

处理方法3：

（1）清洗计数器齿轮或更换计数器。

（2）重新绕制线圈或更换相同备件。

（3）检修相应组件电路或更换相应的单元部件。

（4）检修相应组件电路或更换相应单元部件。

（5）检修或更换变松单元。

**28. 质量流量计零点故障有什么现象？故障原因是什么？如何处理？**

故障现象：

管道中无流量时有流量显示。

故障原因：

（1）流量计的标定系数错误。

（2）阻尼过低。

（3）接线故障。

（4）接地故障。

（5）安装有应力。

（6）是否有电磁干扰。

处理方法：

（1）检查流量计的标定系数，消除错误。

（2）检查阻尼，同时消除阻尼过低现象。

（3）检查接线，排除故障。

（4）检查接地，排除故障。

（5）重新安装，消除应力。

（6）改善屏蔽，排除电磁干扰。

**29. 在线气相色谱仪基线不稳定有什么故障现象？故障原因是什么？如何处理？**

故障现象：

基线漂移。

故障原因：

（1）炉温漂移。

（2）热导检测器不稳定。

（3）载气流速不稳定或泄漏。

（4）色谱柱固定液流失严重。

处理方法：

（1）检查处理炉温和温控电路故障。

（2）更换热丝，用无水酒精清洗。

（3）检漏、重调载气流量。

（4）检查或更换色谱柱。

**30. 在线气相色谱仪自动调零时有什么故障现象？故障原因是什么？如何处理？**

故障现象：

（1）基线调零时基线指示最大。

（2）自动调零时基线不能快速回至零位或调零时指示摆动。

（3）自动调零时基线回零，调零信号消失基线偏零。

故障原因：

（1）调零电路损坏，引起调零电路故障。

（2）自动调零电路接触不好或有故障，记录器零位和

放大器零位未调整好。

(3) 放大电路中集成块失调。

处理方法：

(1) 修理、更换调零电路。

(2) 清洗、处理电路触点，检查自动调零电路，调整好记录器零位和放大器零位。

(3) 调整放大器失调补偿电位器。

**31. 可燃气体检测报警器有什么故障现象？故障原因是什么？如何处理？**

故障现象：

仪表无指示或指示偏低。

故障原因：

(1) 未送电或电源熔断器故障。

(2) 电路损坏或开路。

(3) 检测器损坏。

(4) 过滤器堵塞。

(5) 记录器或输出表头损坏。

处理方法：

(1) 检查供电电源及熔断丝。

(2) 检查修复电路故障。

(3) 检查检测器后更换。

(4) 检查过滤器，清洗排堵。

(5) 检查记录器或输出表头故障并进行修复。

**32. 探头安装质量不规范有什么故障现象？故障原因是什么？如何处理？**

故障现象：

出现指示不正常、漂移或假报警的现象。

故障原因：

(1) 探头锁紧螺帽松动。

(2) 探头电缆与延伸电缆中间接头松动或接触不良。

(3) 前置器与延伸电缆接头滑动或松动。

处理方法：

(1) 拧紧探头锁紧螺帽。

(2) 拧紧探头电缆与延伸电缆中间接头。

(3) 拧紧前置器与延伸电缆接头。

**33. 状态监测回路多点接地有什么故障现象？故障原因是什么？如何处理？**

故障现象：

监测回路指示不稳定，不定时出现波动现象。

故障原因：

(1) 探头延伸电缆破皮。

(2) 屏蔽线多点接地。

处理方法：

(1) 更换探头延伸电缆。

(2) 查找接地点并做好绝缘。

**34. 状态监测系统电涡流传感器故障有什么现象？故障原因是什么？如何处理？**

故障现象：

用于监测轴位移指示最大或轴振动指示为开路。

故障原因：

探头线圈断路。

处理方法：

更换探头。

**35. 状态监测回路探头、延伸电缆和前置器不匹配有什么故障现象？故障原因是什么？如何处理？**

故障现象：

示值与现场信号源明显不符。

故障原因：

前置器所配系统电长度为5m，电长度等于探头电缆长度加上延伸电缆长度之和，错误的搭配将改变无线电信号的频率，导致不正确的前置器输出，影响系统的线性范围。

处理方法：

正确配置探头与延伸电缆的电长度。

**36. 防爆电接点压力表电接点装置触点位置不正有什么故障现象？故障原因是什么？如何处理？**

故障现象：

防爆电接点压力表过早或过晚发出信号。

故障原因：

触点位置不正或触点金属杆松动。

处理方法：

校正触点位置或更换电接点装置。

**37. 防爆电接点压力表触点有污物会造成什么故障现象？故障原因是什么？如何处理？**

故障现象：

触点动作时不发出信号。

故障原因：

触点产生氧化层。

处理方法：

修理电接点压力表触点或更换。

**38. 浮球液位开关测量介质中含有污物会造成什么故障现象？故障原因是什么？如何处理？**

故障现象：

浮球液位开关发生误动作。

故障原因：

容器内的污物将浮球开关卡住，造成浮球液位开关动作。

故障处理：

清理污物后浮球开关恢复正常。

**39. OPTO22 的 B3000 与 LCM4 控制器发生通信障碍时会出现什么故障现象？故障原因是什么？如何处理？**

故障现象：

监控画面显示参数发生死机现象，操作失灵。

故障原因：

（1）控制器通信口接触不良。

（2）网线端口连接松动。

（3）供电接地虚接。

（4）控制器损坏。

处理方法：

（1）重新连接通信口接线。

（2）重新连接网线端口接线。

（3）重新连接跨接线。

（4）更换控制器。

**40. 据操作人员反映，在满负荷生产时某流量控制系统测量曲线平直，后因调整生产改为半负荷生产，回不到给定值有什么故障现象？故障原因是什么？如何处理？**

故障现象：

测量曲线漂移。

故障原因：

经查调节阀为一对数阀。对一个好的控制系统来说，它的灵敏度要求是一定的，而整个系统的灵敏度又是由被调对象、调节器、调节阀、测量元件等各个环节的灵敏度综合决定。满负荷生产时，调节阀开度大，而对数阀开度大时，放大系数大、灵敏度高，改为半负荷生产时，调节阀开度小，放大系数小、灵敏度低。由于调节阀灵敏度降低，致使整个系统灵敏度降低，因而不易克服外界扰动，引起曲线漂移，不能回到给定位置。

处理方法：

为使曲线在给定值上重新稳定下来，可适当减小调节器比例带，即增大调节器放大倍数，以保证调节阀小开度时整个控制系统灵敏度不至于降低。

**41. 计算机死机有什么故障现象？故障原因是什么？如何处理？**

故障现象：

系统无法运行，画面无任何反应，鼠标、键盘无法操作，软件运行非正常中断。

故障原因：

(1) 由硬件引起的死机：计算机过热损耗、灰尘导致的读写错误、软硬件不兼容、内存条故障、硬盘故障、内存容量不够等。

(2) 由软件引起的死机：病毒感染、非法卸载软件、启动的程序太多、非法操作、非正常关闭计算机等。

处理方法：

(1) 清理计算机，定期维修维护保养计算机。

(2) 安全操作计算机，杜绝非法安装与卸载。

**42. 操作站接收不到实时数据有什么故障现象？故障原因是什么？如何处理？**

故障现象：

操作站无数据显示或数据不刷新。

故障原因：

(1) 板卡故障：控制站内处理器板卡突然掉电，导致数据处理故障，使得显示器上无数据显示。

(2) 网络接口板故障：网络接口板没复位或者损坏。

(3) 通信故障：控制站内通信板卡故障或接触不良。

(4) Hub 故障：某一通道故障。

处理方法：

(1) 检查掉电原因，如板卡损坏，可更换一块板卡；如接触不良，可清除积尘后重新插上；如供电故障，另行检查。

(2) 若网络接口板没复位或者损坏，也无法调用数据，此时可重新复位或者更换网络接口板。

(3) 若通信板卡损坏或接触不良，可导致通信中断，显示器上无数据显示，这时可更换板卡，或重新连接好松动的插头即可。

(4) 若是 Hub 某一通道故障，可更换另一通道。

**43. 各操作站之间、操作站与控制站之间不通信有什么故障现象？故障原因是什么？如何处理？**

故障现象：

在系统安装完毕后，各操作站之间、操作站与控制站之间不通信。

故障原因：

(1) 网络配置不正确。

(2) 网卡正常后，仍然不通信，主要是子网掩码或 IP

地址配置错误、网络不通、网络协议不对、集线器错误等。

（3）网线不通。

（4）交换机掉电或损坏。

（5）冗余配置。

处理方法：

（1）如果配置完成后重新启动系统，系统报错或检查不到网卡信息，说明网卡根本没被系统检测到，此时可重新配置或更换插槽。

（2）检查子网掩码或 IP 地址配置、网线、网络协议、集线器。

（3）用万用表测试网线是否导通。一般情况下都是由于与网线相连的水晶头故障造成的，更换水晶头即可。

（4）检查供电系统，或更换交换机。

（5）检查网线是否与网卡连接错误。

**44. 网络通信不畅有什么故障现象？故障原因是什么？如何处理？**

故障现象：

表现为数据传输很慢。

故障原因：

（1）检查 Hub 状态指示灯，如果 col 灯闪烁或常亮黄灯，表示数据包在网络上有堵塞情况。

（2）网络设备地线和零线之间的电压。

处理方法：

（1）需要检查同一局域网中是否有重复的 IP 地址分配或局域网 IP 地址分割有交叉，然后找一对确定正常的计算机，保持双机一直在 ping 的条件下，逐一插拔 Hub 上的网线，看问题出在哪一根网线上，往往就是因为某一根网线的短接造成网络传输数据的混乱，从而造成网络堵塞。

(2) 电压如果超过 3V，则表明 Hub 的供电系统有问题，静电不能及时释放，检查网络设备的电源和机壳接地情况。

**45. 检测端安全栅故障会导致回路有什么故障现象？故障原因是什么？如何处理？**

故障现象：

(1) 现场变送器无供电。

(2) 模拟信号无法上传。

故障原因：

(1) 检测端短路。

(2) 安全栅元器件损坏。

(3) 超出安全栅工作电压范围。

(4) 本安接地串入交流高电压。

处理方法：

(1) 排除现场仪表回路短路故障，更换安全栅。

(2) 更换安全栅。

(3) 调整安全栅供电电源。

(4) 重新接地。

**46. 火炬系统的点火燃气电磁阀打不开的故障现象是什么？故障原因是什么？如何处理？**

故障现象：

火炬无燃料气，点不着火。

故障原因：

(1) PLC 控制器供电电源未合闸。

(2) 切换开关位置错误。

(3) 现场控制盘 24V 供电断路或熔断管熔断。

（4）点火交流电源 220V 故障或熔断丝熔断。

（5）火炬筒的微动流量开关故障不能自动点火。

（6）PLC 故障未发出点火信号。

（7）控制回路继电器接触不良。

（8）密封气电磁阀故障。

（9）点火燃气电磁阀故障。

处理方法：

（1）PLC 控制器供电合闸。

（2）正确选择启动方式。

（3）更换保险管 24V 直流电源供电正常。

（4）更换熔断器恢复交流供电电源。

（5）修复流量开关或半自动/手动点火，也可硬手动点火。

（6）修复 PLC。

（7）用卡簧固定好继电器。

（8）更换电磁阀或打开旁路阀。

（9）更换电磁阀或打开旁路截止阀。

**47. 电动执行机构工作在恶劣环境下经常会有什么故障现象？故障原因是什么？如何处理？**

故障现象：

电动执行机构不能正常工作。

故障原因：

执行机构大部分都是工作在环境恶劣、灰尘较多、容易漏水的地方，在其电源插头两脚之间很容易沉积附着灰尘和污垢，即在电源插头两脚之间形成了外接的“附加电源”，进而电源被短路；或有水滴在了电源插座上引起熔断丝烧坏；有时执行机构内部电容器的外壳带电，与表外壳紧紧相接形成电源接地而烧断熔断丝。

处理方法：

首先要用酒精将插头清洗干净，最好在现场把执行机构外壳用塑料布盖好，这样既防止灰尘对内部的侵入，又防止了雨水溅到执行机构的电源插座上，对于外壳带电且与表外壳接触的电容器，可用绝缘胶布把它包扎一下，使之与外壳绝缘。当然，也可更换新的电容器。

**48. 调压阀常见故障现象有哪些？故障原因是什么？如何处理？**

故障现象：

（1）调压阀不工作。

（2）调压调不到额定压力。

故障原因：

（1）管线堵塞。

（2）膜片破裂。

（3）弹簧老化或折断。

（4）波纹管损坏。

（5）阀芯、阀座磨损。

故障处理：

（1）清洗管线。

（2）更换膜片。

（3）更换弹簧。

（4）更换波纹管部件。

（5）更换阀芯、阀座。

**49. 现场电磁阀无法正常工作有什么故障现象？故障原因是什么？如何处理？**

故障现象：

电磁阀通电后不动作。

故障原因：

（1）接触不良或线圈断路。

（2）阀内有脏物。

（3）弹簧或膜片失去作用或损坏。

处理方法：

（1）调换线圈。

（2）清洗电磁阀。

（3）更换弹簧或膜片。

**50. 调节阀执行机构膜头故障有什么故障现象？故障原因是什么？如何处理？**

故障现象：

阀门定位器输出气压正常，但执行机构不动作。

故障原因：

膜片损坏对膜片式气动执行机构来说，膜片是最重要的元件。在气源系统正常的情况下，如果执行机构不动作，就应该想到膜片是否破裂、是否没有装好。

处理方法：

检查金属接触面的表面有无尖角、毛刺等缺陷。更换同型号的膜片，而膜片绝对不能有泄漏现象。

**51. 调节阀填料老化、阀杆弯曲有什么故障现象？故障原因是什么？如何处理？**

故障现象：

调节阀动作迟钝。

故障原因：

填料摩擦大或填料变质老化、阀杆弯曲、气源压力低等均能引起阀门动作迟缓。

处理方法：

（1）重新调整填料或更换。

（2）阀杆弯曲不易修理，可直接更换。

（3）提高气源压力。

**52. 调节阀阀门定位器无输出信号有什么故障现象？故障原因是什么？如何处理？**

故障现象：

调节阀阀门定位器有输入信号，但阀门不动作。

故障原因：

（1）供气压力不符合要求。

（2）管路有渗漏。

（3）放大器故障。

处理方法：

（1）提高供气压力使之符合要求，调整减压阀供气压力。

（2）消除管接头泄漏点。

（3）检查放大器有无堵塞，清除喷嘴挡板污垢。

**53. 气动调节阀的气动系统故障有什么故障现象？故障原因是什么？如何处理？**

故障现象：

阀门定位器有 4~20mA 电信号，但调节阀不动作。

故障原因：

（1）未送气源或气源压力不够。

（2）气信号管路及接头有泄漏。

（3）减压阀故障。

（4）膜片破裂漏气。

（5）电气阀门定位器故障。

处理方法：

（1）送气源，调整减压阀至规定气源压力。

（2）查找漏点予以消除。

（3）修理或更换减压阀。

（4）更换膜片。

（5）修理或更换电气阀门定位器。

**54. 调节阀填料函发生泄漏有什么故障现象？故障原因是什么？如何处理？**

故障现象：

调节阀工作正常，但有介质从填料函出向外渗漏。

故障原因：

控制阀在使用过程中，阀杆同填料之间存在相对运动，随着高温、高压和渗透性强的流体介质的影响，填料函就会发生泄漏现象。另外，填料自身的老化，也会引起泄漏。

处理方法：

将填料函与填料接触部分的表面光洁度提高，减小填料磨损。填料选用柔性石墨，因其摩擦力小，且压盖螺栓重新拧紧后摩擦力不发生变化，耐压性和耐热性良好，不受内部介质的侵蚀，保证填料密封的可靠性，使用寿命也会有很大的提高。

**55. 调节阀阀芯脱落有什么故障现象？故障原因是什么？如何处理？**

故障现象：

一流量调节阀，出现无论工艺操作人员如何调节控制阀的开度，流量调节阀始终没有变化。

故障原因：

有信号而无动作，其主要原因是阀芯与衬套或阀座卡死；阀芯脱落（销子断了）；阀杆弯曲或折断。

处理方法：

在控制室加模拟信号，现场监视有输出。单校控制阀，执行机构及阀杆动作正常。关闭控制阀上、下工艺截止阀，排除管线内的介质并清洗后，对控制阀进行解体检查，发现阀杆阀芯连接脱落，因此虽然阀杆正常动作，但因已与阀芯脱落，所以控制阀始终处于关闭状态，没有流体流过，应进行重新固定连接安装。

**56. 调节阀无法在全范围动作有什么故障现象？故障原因是什么？如何处理？**

故障现象：

流量调节阀，在控制室加入100%全开信号，阀门开度只能达到50%左右，无法正常流量调节。

故障原因：

调节部分出现此现象的常见故障一般有以下几种情况：

(1) 阀门定位器有故障。

(2) 控制阀膜片有破损。

(3) 阀体内有异物。

处理方法：

首先检查定位器，正常。在控制室加模拟信号，现场控制阀的输入信号正常。单校控制阀，发现控制阀开度达不到最大，对膜头部分进行解体后，发现膜片边缘磨损出现缝隙，确认原因为膜片安装位置有问题导致执行机构在反复动作时，膜片反复磨损而破裂，更换新的膜片后正常。

**57. 调节阀定位器故障有什么故障现象？故障原因是什么？如何处理？**

故障现象：

气源压力正常，但调节阀动作不稳，无法正常控制液位。

故障原因：

定位器输出不稳定。

处理方法：

在对阀门定位器进行检查时，发现定位器输出不稳定，故障原因为阀门定位器内部磁钢磁性过强，导致输出信号出现不稳定现象。可对磁钢进行消磁处理，如若不行，可考虑更换阀门定位器。

**58. 调节阀阀杆销钉脱落有什么故障现象？故障原因是什么？如何处理？**

故障现象：

有一调解压力的调节阀，当压力发生大幅波动时，操作人员立即进行调节，但调节阀控制失灵无法控制，只好在现场将调节阀关闭，开启副线工艺阀控制。

故障原因：

对该调节阀进行常规检查调校，阀杆动作、零点和量程等均正常，推断阀芯可能脱落。

处理方法：

对该阀进行解体检查，发现阀杆的销钉脱落造成阀芯与阀杆脱节。分析销钉脱落的原因是该阀经常在小开度工作，长期在差压较大的状态下运行，引起阀芯振动，导致销钉脱落。重新铆销钉后恢复安装，调试后，工作正常。

**59. 投运时调节阀前后截止阀未打开有什么故障现象？故障原因是什么？如何处理？**

故障现象：

装置检修完毕投运时，流量调节阀在全开的情况下，流量仪表指示为零。

故障原因：

（1）从 DCS 操作面板上查看流量表的状态及接线方面，没有故障信息。

（2）到现场检查仪表的投用情况，流量仪表的接线、调校及投用均正常。

（3）控制室从 DCS 上将调节阀由 0→50%→100% 开，再由 100%→50%→0 闭进行操作，现场调节阀动作正常，说明调节阀风线、电源线正常。

（4）检查工艺管线。发现工艺管线上的副线阀未开，且仪表调节阀前后截止阀也未打开。

处理方法：

（1）在现场打开调节阀的前后截止阀，流量表的读数增加。

（2）在控制室将回路由手动控制平稳后切换到自动控制，操作平稳。

**60. 调节阀阀门定位器故障有什么故障现象？故障原因是什么？如何处理？**

故障现象：

气动薄膜调节阀，定位器输入信号一定，但调节阀开度忽高忽低，工作极其不稳定，调节质量极差。

故障原因：

（1）阀门定位器的气源压力波动。

（2）阀门定位器故障，工作失灵。

处理方法：

（1）现场检查气源压力波动的原因，仪表风管线是否有泄漏、堵塞，空压机工作是否正常。

（2）修复或更换阀门定位器。

**61. 阀门定位器反馈滑杆锈死有什么故障现象？故障原因是什么？如何处理？**

故障现象：

液位波动厉害，无法实现自动控制，只好用手轮控制。

故障原因：

阀门定位器反馈机构，随阀的开度大小变化而传给定位器相应的反馈量。滑杆锈死，反馈量不能随阀的开度大小而变化，始终保持为一个固定值，阀的开度也就不变，调节阀不能起到调节作用，系统无法克服扰动，致使液位波动。

处理方法：

设法取出滑杆，除锈并加注黄油回装，调节阀恢复正常。

**62. 气动凸轮挠曲控制阀气路故障有什么故障现象？故障原因是什么？如何处理？**

故障现象：

气动凸轮挠曲控制阀输入控制信号，调节阀不动作。

故障原因：

(1) 未送气源或气源压力不够。

(2) 定位器至气动执行器输出泄漏严重。

(3) 膜片破裂漏气。

(4) 定位器故障。

处理方法：

(1) 送气源，调整减压阀至规定的气源压力。

(2) 检查接头和管线泄漏点，紧固或更换接头和管线。

(3) 更换膜片。

(4) 检查卡涩原因，重新装配。

(5) 检查定位器放大器及节流孔、喷嘴挡板是否完好。

**63. 气动薄膜套筒控制阀配件损坏有什么故障现象？故障原因是什么？如何处理？**

故障现象：

气动薄膜套筒控制阀输入压力信号后，调节阀阀杆不动作。

故障原因：

（1）调节阀气源压力不够。

（2）信号管及接头泄漏。

（3）膜片与推杆之间固定螺钉松动。

（4）推杆密封O形环老化损坏。

（5）阀杆变形，导向套过紧。

处理方法：

（1）调整减压阀至规定压力值。

（2）查找漏点并予以消除。

（3）重新固定，并采取防松措施。

（4）重新更换新的O形环。

（5）更换阀杆，对导向套重新加工。

**64. 气动长行程执行机构气缸内部故障有什么故障现象？故障原因是什么？如何处理？**

故障现象：

气动长行程执行机构动作，但动作迟钝。

故障原因：

（1）阀堵塞或套筒有污物。

（2）支架轴承转动不灵活。

（3）气缸漏气。

（4）气缸壁结垢。

（5）输出轴上的轴承、滑块上轴承不灵活。

处理方法：

（1）用汽油清洗。

（2）加注黄油润滑。

（3）更换橡胶密封垫。

（4）清洗气缸壁及活塞槽。

（5）加入相应的润滑油润滑。

**65. 气动蝶阀气源压力不稳有什么故障现象？故障原因是什么？如何处理？**

故障现象：

气动蝶阀动作但不稳定。

故障原因：

（1）供气压力不足。

（2）输入信号不稳定。

（3）定位器有故障。

处理方法：

（1）调整气源压力。

（2）检查输入信号。

（3）检修定位器。

**66. 气动阀门定位器故障有什么故障现象？故障原因是什么？如何处理？**

故障现象：

气动阀门定位器有输入信号但无输出压力。

故障原因：

（1）供气压力不符合要求。

（2）输出管接头泄漏。

（3）放大器故障。

（4）放大器节流孔堵塞。

（5）喷嘴挡板处有污垢。

处理方法：

（1）调整减压阀供气压力至规定压力值。

（2）消除泄漏点。

（3）修理或更换放大器。

（4）疏通节流孔。

（5）消除污垢。

**67. 电气转换器有信号无输出有什么故障现象？故障原因是什么？如何处理？**

故障现象：

电气转换器有 4~20mA DC 输入信号，但无风压输出，调节阀不动作。

故障原因：

（1）气源未开。

（2）气源总管泄漏。

（3）减压阀故障。

（4）节流孔堵塞。仪表风脏物堵塞节流孔，致使无风压输出。

处理方法：

（1）打开气源。

（2）消除泄漏点。

（3）修理或更换减压阀。

（4）使用清洁气源，对节流孔堵塞部位进行疏通。

**68. 气动开关阀 O 形密封圈损坏有什么故障现象？故障原因是什么？如何处理？**

故障现象：

开或关时动作缓慢。

故障原因：

气缸内O形密封圈损坏，导致阀门动作缓慢。

处理方法：

更换气缸内O形密封圈。

**69. 气动开关阀阀芯故障有什么故障现象？故障原因是什么？如何处理？**

故障现象：

执行机构动作正常，但阀门不动作。

故障原因：

（1）阀芯与阀座卡死。

（2）管道发生堵塞。

（3）执行机构与阀芯连接处磨损、脱落等。

处理方法：

解体、清洗处理。如果阀芯连接处磨损、脱落等，应修复或更换开关阀。

**70. 开关阀中有异物会发生什么故障现象？故障原因是什么？如何处理？**

故障现象：

执行机构动作正常，但阀芯开关不到位。

故障原因：

阀座内有异物卡塞阀门，造成阀芯动作不到位。

处理方法：

清除异物。

**71. 气液联动驱动装置故障有什么故障现象？故障原因是什么？如何处理？**

故障现象：

气液联动驱动装置执行器动作缓慢。

故障原因：

(1) 使用了不合适的液压油，动力器有节流、压力低。

(2) 系统管路堵塞。

(3) 控制滤网上有污物、杂物。

(4) 调试不当。

处理方法：

(1) 更换液压油。

(2) 清理管路堵塞。

(3) 清理污物、杂物。

(4) 重新调试。

**72. 开关阀易出现什么故障现象？故障原因是什么？如何处理？**

故障现象 1：

自动/手动操作失灵。

故障原因 1：

(1) 气源故障。

(2) 电磁阀故障。

处理方法 1：

(1) 疏通气路，调整减压阀压力。

(2) 更换电磁阀。

故障现象 2：

气缸阀动作缓慢。

故障原因 2：

(1) 气缸阀齿条缺油。

(2) 气缸阀排气孔堵塞。

(3) 阀芯与衬套有异物。

处理方法2：

（1）在油嘴注油。

（2）疏通排气口。

（3）清理阀芯异物。

故障现象3：

阀体不动作。

故障原因3：

阀杆与阀芯连接销子掉落。

处理方法3：

用销子连接阀杆与阀芯。

**73. 燃机系统点火故障有什么故障现象？故障原因是什么？如何处理？**

故障现象：

燃机点火系统失灵，无法正常燃烧。

故障原因：

（1）点火电极距离太远。

（2）点火电极脏或潮湿。

（3）控制器故障。

（4）绝缘瓷管破裂。

（5）点火变压器故障。

处理方法：

（1）重新调整点火电极距离至0.3~0.7mm。

（2）擦干擦净点火电极。

（3）维修或更换控制器。

（4）更换绝缘瓷管。

（5）更换点火变压器。

**74. 燃烧器无法正常启动，故障原因是什么？如何处理？**

故障现象：

燃烧器无法正常启动。

故障原因：

(1) 观火孔及其他地方有光透入光敏管。

(2) 超温使燃烧器控制器的相应端子脚不通。

(3) 燃气压力偏低或偏高。

处理方法：

(1) 排除漏光。

(2) 重新调整温度表消除超温状态。

(3) 调节燃气供给压力。

**75. 滑阀启动不归零，故障原因是什么？如何处理？**

故障现象：

滑阀启动时不归零。

故障原因：

启机滑阀不归零。

处理方法：

进入丙烷机操作界面→单击菜单→单击滑阀校准→单击设滑阀现在位置为0→2s。如果滑阀位置依然不归零，使用“—”按钮，使滑阀调整至零点。

**76. 可燃气体检测报警器在没有物料泄漏的情况下误报警会出现什么故障现象？故障原因是什么？如何处理？**

故障现象：

报警值忽高忽低，指示值不稳定。

故障原因：

(1) 检测器安装在风口或气流波动大的地方，安装位置风向不定。

（2）检测器安装在振动过大的地方。

（3）检测器元件局部污染，过滤器局部堵塞。

（4）电路接触不良，端子松动。

处理方法：

（1）调整检测器安装位置。

（2）避免将检测器安装在振动大的地方。

（3）清洗探头。

（4）检查电路接插件，重新紧固端子。

**77. 可燃气体检测报警器指示不正常有什么故障现象？故障原因是什么？如何处理？**

故障现象：

可燃气体探测报警器出现指示不稳定，指示值偏低或无指示。

故障原因：

（1）检测器安装在风口或气流波动大的地方。

（2）检测器安装位置风向不定。

（3）检测器安装在振动过大的地方。

（4）检测器元件局部污染。

（5）过滤器局部堵塞。

（6）电路接触不良，端子松动或放大器噪声大。

（7）供电不稳定，或接地不良。

（8）电缆绝缘下降或未屏蔽。

处理方法：

（1）更换检测器安装位置。

（2）更换检测元件。

（3）检查和清洗过滤器滤芯。

（4）检查电路接插件及端子。

(5) 检查电源，检查接地线。

(6) 检查电缆绝缘，改用屏蔽电缆。

**78. 热电偶温度检测回路电缆线芯短路有什么故障现象？故障原因是什么？如何处理？**

故障现象：

二次仪表温度显示偏差大，与实际明显不符。

故障原因：

电缆线芯短路故障，可造成电源正负极短路而烧毁熔断丝或电气设备，极易造成用电设备内部元器件的损坏。补偿导线线芯短路，二次表指示的是短路处的温度，而不是工作端的实际温度。

处理方法：

进行绝缘处理或更换补偿导线。

**79. 仪表保温箱冬季温度过低会造成检测仪表什么故障？故障原因是什么？如何处理？**

故障现象：

由于工作环境温度过低，检测仪表发生冻结、凝固、析出结晶等现象。

故障原因：

(1) 电热管伴热、蒸汽管伴热、伴热带保温存在问题。

(2) 加热盘或温控开关损坏，无法加热。

处理方法：

更换加热盘或温控开关。